S. F. Lacroix's
Einleitung
in die
Differential-
und
Integral-Rechnung.

Aus dem Französischen übersetzt, und mit erklärenden Zusätzen versehen

von

Franz Funck,
Oberlehrer der Mathematik und Physik am Gymnasium
zu Recklinghausen.

Nach der zweiten durchgesehenen und verbesserten Original-Ausgabe.

Mit einer Kupfertafel.

Berlin,
gedruckt und verlegt bei G. Reimer.
1833.

Dem

königlichen Schulrathe

Herrn Dr. Schmülling

in Münster

hochachtungsvoll gewidmet

vom

Uebersetzer.

Vorrede des Uebersetzers.

Es mag vielleicht den mit Lacroix's größerm Werke über Differential- und Integral-Rechnung vertrauten Lesern auf den ersten Blick sonderbar vorkommen, hier einen kleinen Theil dieses Werkes, die Einleitung nämlich, in einer Uebersetzung erscheinen zu sehen: da indessen dieser Theil ein vollkommen abgeschlossenes Ganze bildet, und in der Kürze alles Dasjenige aus der Funktionenlehre enthält, was den Uebergang von der Elementarmathematik zur höhern Analysis vermittelt, so glaubte ich um so weniger Anstand nehmen zu dürfen, genannte Einleitung in einer Uebersetzung herauszugeben, weil der gewöhnliche Umfang der Elementarmathematik, den man ihr für den Vortrag an Gymnasien gestattet, diese Kenntnisse dem Anfänger nicht darbietet, und letzterer daher vor dem Eintritte in das Gebiet der Differential- und Integral-Rechnung sich dieselben durch das Studium weitläufiger Werke über die Funktionenlehre mühsam zusammen zu lesen genöthigt wäre. Wollte man dagegen einwenden, daß er auf diese Weise aber vollständiger ausgerüster an's Werk ginge, so bemerke ich, daß ein ängstliches Streben nach Vollständigkeit des Wissens in einem Zweige der Mathematik, bevor der Fortschritt zum andern gewagt wird, sowohl überhaupt, als namentlich beim Uebergange zur höhern Analysis, fehlerhaft ist, indem jene Vollständigkeit jetzt für ihn noch nicht erreichbar ist, sondern erst dann, wenn er das ganze Gebiet der Wissenschaft mehr oder weniger überschaut. Man glaube ja nicht, daß hiermit der Oberflächlichkeit und Lückenhaftigkeit das Wort geredet sey:

es ist meine feste Ueberzeugung, daß gerade beim Studium der Mathematik eine Vervollständigung und sogenannte Abrundung des Wissens erst später ausführbar ist, und der Anfänger kann daher gewisser Maßen nicht zu sehr zu der Differential- und Integral-Rechnung eilen. Hat er das Euklidische System der Geometrie gehörig studirt, und sich mit den Hauptlehren der Arithmethik, Algebra, beider Trigonometrien und der Kegelschnitte nach den bewährten Bearbeitungen dieser Zweige, unter welchen namentlich die Werke von Lacroix und Legendre sehr zu empfehlen sind, bekannt gemacht, so wage er ohne Weiteres den Schritt zur Differential- und Integral-Rechnung, und die gegenwärtige Einleitung ist sehr geeignet, ihm dazu den Weg gehörig zu bahnen.

So viel zur Rechtfertigung dieser Uebersetzung. Was die Zusätze betrifft, so habe ich mich in denselben hauptsächlich bemüht, zur Wegräumung der etwaigen Schwierigkeiten, die dem Leser beim Studium in den Weg treten könnten, das Meinige beizutragen: in wie weit mir dieses gelungen, mögen Sachverständige entscheiden. Ich bemerke noch, daß ich nur sehr selten vom Verfasser angedeutete Rechnungen ausgeführt habe; es ist dieses Sache des Lesers, der, so wie überhaupt jedes mathematische Werk, so auch das gegenwärtige mit der Feder in der Hand studiren muß.

Recklinghausen,
den 3. Dezember 1832.

Funck.

Inhalt.

S. F. acroix's Einleitung in die Differential- und Integral-Rechnung.

Es ist der Zweck dieser Einleitung, das Ganze derjenigen Theorien darzustilen, die man entweder nur theilweise in den Elementen der Algebra findet, oder welche dort nicht in der vollständigen Ausdehnung entwickelt sind, die ihnen gegeben werden muß, um in Bezug auf die Allgemeinheit der Darstellung nichts zu wünschen zu lassen. In jenen Elementen nämlich hatte man es hauptsächlich damit zu thun, die Algebra in ihren Beziehungen zu der Auflösung von Gleichungen, welche aus Zahlenproblemen hergleitet waren, zu betrachten; aber dieses ist der unbedeutendere Theil ihrer Anwendung. Die der algebraischen Sprache eignthümliche Fähigkeit, die Beziehungen, welche die Größen untr sich haben, auszudrücken, zu verbinden und umzuformen, hat bedeutende Resultate herbeigeführt, deren Kenntniß vieles Licht über den eigentlichen Gegenstand der Differential- und Integral-Rechnung verbreitet. Bevor ich erstere auseinander setze, will ich einige wesentliche Begriffe wiederholen, und den Sinn einiger Ausdrücke aufklären, welche dunkel und selbst falsch erscheinen können, wenn man nicht zu ihren Ursprunge zurück geht.

Allgemeine Begriffe über Funktionen und Reihen.

§. 1.

Die alten Analysten begriffen im Allgemeinen unter der Bezeichnung Funktion einer Größe alle Potenzen dieser Größe. In der Folge hat man die Bedeutung dieses Wortes erweitert, indem man es auf die Resultate der verschiedenen algebraischen Operationen anwendete: und so hat man denn Funktion einer oder mehrerer Größen jeden algebraischen Ausdruck genannt, welcher Summen, Produkte, Quotienten, Potenzen und Wurzeln auf irgend eine Weise in sich enthält. Neue Ideen endlich, herbeigeführt durch die Fortschritte der Analysis, haben folgender Erklärung der Funktionen Raum gegeben:

> jede Größe, deren Werth von einer oder mehreren andern abhängt, heißt Funktion dieser letztern, mag man nun wissen oder nicht, welche Operationen zu durchlaufen sind, um von jenen letztern zum erstern zu gelangen.

Die Wurzel einer Gleichung des 5ten Grades z. B., deren Ausdruck man beim gegenwärtigen Zustande der Algebra nicht anzugeben weiß, ist nichts desto weniger eine Funktion der Coeffizienten der Gleichung, weil ihr Werth von denen der Coeffizienten abhängt. —

Man unterscheidet die Funktionen nach der Anzahl der Größen, wovon sie abhangen; daher ist irgend eine beliebige aber bestimmte Potenz einer Größe nur Funktion dieser einzigen Größe. Faßt man die Sache aus einem allgemeinen Gesichtspunkte, indem man auf einmal alle möglichen Potenzen einer Größe, welche beliebiger Werthe fähig ist, in Betrachtung zieht, so wird der allgemeine Ausdruck dieser Potenzen eine Funktion jener ersten Größe und des Exponenten seyn, da ja der einzelne Werth einer jeden dieser Potenzen von jenen beiden (der Grundgröße und dem Exponenten) abhängig ist.

§. 2.

Die Betrachtung der unbestimmten Gleichungen ist es, welche zur Verallgemeinerung des Begriffs der Funktion geführt hat. Wollte man ausdrücken, daß eine Größe nicht bestimmt angegeben werden könnte, ohne vorher andern Größen bestimmte einzelne Werthe, deren sie einer unendlichen Menge bei ein und derselben Untersuchung fähig waren, zu geben, so bediente man sich des Wortes *Funktion*, um diese Abhängigkeit zu bezeichnen. Es folgt hieraus, daß, wenn man z. B. die eine oder die andere der folgenden Gleichungen hätte,

$$y = ax^2 + bx + c$$
$$y = axz + bx^2 + cz^2,$$

die Größe y in der erstern eine Funktion von x, in der zweiten eine Funktion von x und z genannt werden könne. Es ist nöthig zu bemerken, daß die Größen a, b, c hierbei nicht in Betracht kommen, weil sie bestimmte sind, d. h. in so fern man sie ansieht als Größen, welche denselben Werth beibehalten müssen in allen den Untersuchungen, deren jede der vorigen Gleichungen fähig ist. —

Es könnten statt jener Gleichungen, deren andere vorkommen, in welchen die unbekannten Größen auf eine Weise verknüpft wären, daß sich der Werth der einen oder andern ohne einige vorläufige Operationen nicht bestimmen ließe. Derartige Gleichungen wären

$$x^3 + y^3 = axy$$
$$x^3 + y^3 + z^3 = axz + byz + cxy.$$

In diesem Falle wird die Unbekannte y immer eine Funktion von x, kraft der ersten Gleichung, oder eine Funktion von x und z kraft der zweiten seyn; weil jene Unbekannte nicht bestimmt werden könnte, ohne vorher einzelne Werthe der x in der einen Gleichung, oder der x und z in der andern Gleichung ertheilt zu haben.

Wenn man sich vorsetzte, in den Gleichungen dieses Beispiels des x in Folge einzelner gegebener Werthe des y, oder des y und z zu bestimmen, so würde man sagen, x sey in der ersten eine Funktion von y, oder in der zweiten eine Funktion von y und z. Man sieht hieraus, daß in einer Gleichung, welche mehrere Unbekannten enthält, eine jede dieser letztern immer eine Funktion von allen übrigen ist; die Angabe irgend einer Untersuchung ist es, woraus man erkennen kann, welche der Unbekannten als Funktion der übrigen anzusehen ist.

Im Vorigen habe ich zwei Arten Beispiele dem Leser vor Augen gehalten, welche zu einer bemerkenswerthen Unterscheidung Veranlassung geben. In der ersten erkennt man sogleich, wie mit dem Werthe von x, oder denen von x und z man zur Bildung des Werthes von y gelangen könne; in der zweiten dagegen müßte vorher eine algebraische Gleichung in Bezug auf y gelößt werden, um diese Größe zu finden, in der Voraussetzung, daß man die Werthe von x oder von x und z kenne. Wir werden daher im ersten Falle sagen, y ist eine **entwickelte Funktion** von x (**fonction explicite**), oder von x und z; im zweiten dagegen eine unentwickelte Funktion (**fonction implicite**) derselben Größen.

Es ist nicht nöthig, daß man eine Gleichung zwischen mehrern Größen habe, um sagen zu können, daß die eine derselben eine unentwickelte Funktion der andern sey. Es reicht hin, zu wissen, daß der Werth jener abhängig ist von den einzelnen Werthen dieser; so ist in einem Kreise der **sinus** eine unentwickelte Funktion des Bogens, (obschon die algebraische Analysis kein einziges Mittel darbietet, die Beziehung jener beiden Größen auszudrücken) weil in der That die eine dieser Größen bestimmt ist, sobald die andere es ist, und umgekehrt. Man unterlasse nicht zu bemerken, daß ich keine Rücksicht auf den Halbmesser genommen, (wenn schon die Größe des sinus auch von diesem Elemente abhängig ist) da ich nur einen einzigen Kreis vor Augen hatte.

Man begreift unter der Bezeichnung algebraische Funktionen alle diejenigen, welche aus algebraischen Operationen hervorgehen, oder in welchen die Verknüpfung zwischen den unbestimmten Größen, wovon die Funktionen abhangen, durch eine algebraische Gleichung ausgedrückt werden kann.

§. 3.

Die algebraischen Funktionen erhalten immer eine begrenzte Anzahl von Gliedern, wenn man sie in der ihnen eigenthümlichen Form ausdrückt. Diese Eingeschränktheit ist wesentlich; denn wenn man durch ein Aggregat von Monomen einen eigentlichen Bruch, der einen binomischen oder polynomischen Nenner hat, ausdrücken will, so kommt man auf eine unendliche Reihe.

Der Bruch $\frac{a}{a-x}$ z. B. liefert, wenn er durch die Division, oder auf sonst eine Weise entwickelt wird, die Reihe:

$$1+\frac{x}{a}+\frac{x^2}{a^2}+\frac{x^3}{a^3}+ \text{ꝛc.}$$

und der Quotient wird nie schließen. Eben so verhält es sich mit den Wurzeln der Polynome, welche keine vollkommene Potenzen (des Wurzelexponenten) sind, wenn man sie rational ausdrücken will, oder durch eine Reihe von Monomen.

Es ist bekannt, daß die Newton'sche Formel zur Entwickelung der Potenzen eines Binoms sich nicht schließt, wenn der Exponent eine negative oder Bruchzahl ist.

Aber es gibt Funktionen, die man in keinem Falle durch eine begrenzte Anzahl von Gliedern ausdrücken kann, die eine algebraische Beschaffenheit haben: solche sind z. B. die Logarithmen, welche nur annäherungsweise bestimmt werden können, und von einer unendlichen Anzahl von Wurzelausziehungen abhängig sind; die sinus und cosinus, welche man nicht vermittelst ihrer Bogen entwickeln kann, ohne eine unendliche Anzahl von algebraischen Operationen zu durchlaufen: derartigen Funktionen gibt man den Namen transzendente. Diejenigen, welche ich eben nahmhaft gemacht habe, sind nicht die einzigen dieser Art; die Fortschritte, welche die Analysis gemacht hat, haben deren noch viele andere eingeführt, und können ihrer unzählig viele darbieten. Dies ist der Ursprung der Reihen. Obgleich sie nur dann den genauen Werth der Funktionen geben, denen sie zugehören, wenn sie schließen, oder wenn man die Summe aller ihrer Glieder zu erhalten weiß, wie dies der Fall ist bei den abnehmenden Quotientenprogressionen (oder geometrischen Progressionen); so können sie dennoch alle, nach Art derjenigen, welche man aus den algebraischen Funktionen herleitet, angesehen werden als die Entwickelung der unbekannten Funktionen, aus welchen sie entstanden sind.

§. 4.

Es ist hier der Ort, aufmerksam zu machen auf das Wort Entwickelung, welches man hier gebraucht statt des Wortes Werth; denn eine Reihe liefert nicht immer den Werth der Funktion, zu welcher sie gehört: ja es ist manchmal der Fall, daß die Reihe, anstatt sich dem Werthe ihrer zugehörigen Funktion um so mehr zu nähern, je mehr Glieder man nimmt, sich von demselben um so mehr entfernt, wie man bemerken kann an dem Bruche $\frac{a}{a-x}$, wenn er nach den Potenzen von x entwickelt wird. Die Reihe

$$1+\frac{x}{a}+\frac{x^2}{a^2}+\frac{x^3}{a^3}+\text{rc.}$$

die daraus entsteht, gibt nur dann dem wahren Werthe sich immer mehr nähernde Resultate, wenn $x<a$: nur in diesem Falle also ist es gestattet, durch Annäherung jenen wahren Werth zu bestimmen; aber indem der Ausdruck

$$1+\frac{x}{a}+\frac{x^2}{a^2}+\frac{x^3}{a^3}+\text{rc.}$$

in dem Sinne genommen, daß man vom letzten Gliede abstrahirt, d. h. von der Seite angesehen, daß er lauter Glieder von derselben Form enthält, auf die angegebene Weise mit dem Bruche $\frac{a}{a-x}$ verknüpft ist, so werden wir, wenn irgend eine Untersuchung uns zu der Reihe

$$1+\frac{x}{a}+\frac{x^2}{a^2}+\frac{x^3}{a^3}+\text{rc.}$$

hinführt, schließen dürfen, daß die gesuchte Funktion keine andere sey als $\frac{a}{a-x}$; oder wenn wir irgend eine Eigenthümlichkeit bei einer Reihe derartige Glieder wie $1+\frac{x}{a}+\frac{x^2}{a^2}+$ rc. annehmen, so können wir behaupten, daß dieselbe (Eigenthümlichkeit) der

Funktion $\frac{a}{a-x}$ zugehöre. Um die Wahrheit dieser Behauptung einzusehen, ist es hinreichend, zu bemerken, daß die regelmäßige Entwickelung einer Funktion, in ihrer ganzen Ausdehnung genommen, die Gleichung, welche diese Funktion charakterisirt, wahr macht. Setzt man in dem gewählten Beispiele $\frac{a}{a-x} = y$, so folgt daraus die Gleichung

$$a - (a-x)y = 0,$$

und wenn man statt der Funktion y ihre Entwickelung

$$1 + \frac{x}{a} + \frac{x^2}{a^2} + \frac{x^3}{a^3} + \text{ꝛc.}$$

substituirt, so sieht man, daß, wie weit man auch die Rechnung treiben möge, die Glieder sich fortwährend vernichten. Man begreift leicht, daß dasselbe bei jedem andern Beispiele der Fall seyn wird, deren übrigens in der Folge bei der Differential- und Integral-Rechnung eine große Anzahl vorkommen wird.

§. 5.

Um also mit Sicherheit eine analytische Entwickelung anwenden zu können, hat man sich nur von der Regelmäßigkeit der Reihe, welche sie ausdrückt, zu vergewissern, d. h. das Gesetz festzustellen, nach welchem alle ihre Glieder fortschreiten, und mit Sorgfalt die Convergenz der Zahlenreihen zu untersuchen, um daraus annähernde Werthe zu bekommen von derjenigen Größe, von welcher jene Reihen abgeleitet sind; indessen darf man sich nur dann auf die Richtigkeit dieser Bestimmungen gänzlich verlassen, wenn man im Stande ist, die Grenzen der Differenz zu bezeichnen, welche sich zwischen jenen und dem wahren Werthe ergiebt. Damit die Annäherung passend und sicher sey, ist es nöthig, daß diese Differenz um so rascher abnehme, je größer die Anzahl der Glieder ist, welche man nimmt, und daß sie kleiner werden könne, als irgend eine jede gegebene noch so kleine Größe. Es ist einleuchtend, daß diese Bedingungen nur dann erfüllt werden können, wenn die Glieder der vorgegebenen Reihe rasch abnehmen, weil jedes Glied das Resultat nur um immer kleinere und kleinere Differenzen ändern darf. Die Untersuchung, welche ich jetzt, nach d'Alembert's Vorgange, über die Convergenz der Reihen beginnen will, die aus der Entwickelung der Potenzen eines Binoms entstehen, wird die vorstehenden Bemerkungen hinreichend ins Licht setzen.

Bringt man ihren analytischen Ausdruck unter die Form

$$(1+x)^m = 1 + \frac{m}{1}x + \frac{m(m-1)}{1.2}x^2 + \frac{m(m-1)(m-2)}{1.2.3}x^3 + \ldots$$
$$+ \frac{m(m-1)\ldots(m-n+2)}{1.2\ldots.(n-1)}x^{n-1} + \frac{m(m-1)\ldots(m-n+1)}{1.2\ldots.n}x^n + \text{rc.}$$

so ist klar, daß der Exponent des Verhältnisses zwischen irgend zwei auf einander folgenden Gliedern $\frac{m-n+1}{n}x$ ist; damit also diese Glieder rasch abnehmen, so muß, abgesehen vom Zeichen der Zahlen $m-n+1$ und x,

$$\frac{m-n+1}{n}x < 1$$

seyn. Es ist zweckdienlich, zu bemerken, daß die Zahl m dieselbe bleibt, so weit auch immer die Reihe fortgeführt werden mag, daß hingegen die Zahl n, welche nothwendig eine ganze ist, von Glied zu Glied größer wird, und so groß werden kann, als man will, wenn die Reihe sich nicht schließt, welches Letztere ich hier voraussetze, da ich hauptsächlich die Entwickelung der negativen oder Bruchpotenzen im Auge habe.

Die erste Schlußfolge, die sich darbietet, ist, daß die Größe

$$\frac{m-n+1}{n} = \frac{m+1}{n} - 1,$$

welche das Verhältniß der aufeinander folgenden Coeffizienten der Potenzen von x ausdrückt, sich ohne Aufhören dem Werthe -1 nähert, indem der Bruch $\frac{m+1}{n}$, dessen Zähler konstant ist, dessen Nenner aber immer größer wird, fortwährend abnimmt. Es folgt hieraus, daß das Verhältniß der aufeinander folgenden Glieder in vorstehender Reihe, sich dem Werthe $-x$ immer mehr nähert, und daß folglich diese Reihe, welches auch ihre ersten Glieder seyn mögen, am Schlusse immer divergent werden muß, wenn der Werth von x die Einheit übersteigt. Man kann sich ihrer daher nur dann bedienen, wenn $x < 1$ ist.

§. 6.

Betrachten wir zuerst den Fall, wenn m positiv ist, und setzen wir $x = \frac{1}{a}$, $a > 1$; die Convergenz wird alsdann nur beginnen, wenn, nachdem das Verhältniß zweier aufeinander folgenden Glieder < 1 geworden, die Glieder eine abnehmende Progression bilden werden: dieses wird also der Fall seyn, wenn

$$\frac{m-n+1}{na} < 1 \text{ oder } 1 > \frac{m-n+1}{na},$$

eine Bedingung, welche sich nach und nach verwandelt in

$$na > m - n + 1,\ na + n > m + 1,\ \text{oder}\ n(a+1) > m + 1,$$

und endlich

$$n > \frac{m+1}{a+1}.$$

Aber da im zweiten Gliede, $n = 1$, so wird die Convergenz vom Anfange der Reihe an eintreten, wenn $a > m$, indem alsdann die Zahl $\frac{m+1}{a+1}$ ein Bruch seyn wird.

Es sey z. B.

$$m = \tfrac{9}{2},\ x = \tfrac{10}{11},$$

also

$$a = \tfrac{11}{10},\ \frac{m+1}{a+1} = \frac{\frac{9}{2}+1}{\frac{11}{10}+1} = \tfrac{55}{21};$$

hier beginnt die Convergenz erst, wenn $n > 2$, d. h. beim vierten Gliede.

Wäre m negativ, so verwandelt sich die Größe $\frac{m-n+1}{na}$ in $\frac{-m-n+1}{na}$, und indem man vom Zeichen der Zahl $-m-n+1$ abstrahirt, verwandelt sich die zur Convergenz gehörige Bedingung in

$$1 > \frac{m+n-1}{na},\ na > m + n - 1,$$

$$na - n > m - 1,\ \text{also}\ n > \frac{m-1}{a-1}.$$

In diesem Falle kann die Convergenz nur sehr spät beginnen.

Es sey z. B. $m = 2$, $x = \frac{99}{100}$, so ist

$$a = \tfrac{100}{99},\ \text{und}\ n > 99;$$

die 100 ersten Glieder der Reihe werden also eine zunehmende Progression bilden.

§. 7.

Nachdem man das Glied gefunden hat, mit welchem die Convergenz der Reihe beginnt, — und vor diesem darf die Reihe nicht geschlossen werden, — alsdann muß man die Grenzen der Annäherung suchen: für die vorliegenden Reihen gelangt man dazu sehr leicht, durch ein Verfahren, welches d'Alembert zuerst angewendet hat.

Ich mache für's Erste darauf aufmerksam, daß das Verhältniß zweier aufeinander folgender Glieder der vorliegenden Reihe,

$$\frac{m-n+1}{n}x = \left(\frac{m+1}{n} - 1\right)x = -\left(1 - \frac{m+1}{n}\right)x \text{ ist.}$$

Da die beiden letztern Ausdrücke anzeigen, daß dieses Verhältniß das Zeichen ändert, wenn man zu dem Gliede gekommen ist, in welchem $\frac{m+1}{n} < 1$, so werde ich die Reihe nur von diesem Gliede an betrachten, um nur den Theil in die Untersuchung aufzunehmen, in welchem das Gesetz der Zeichen definitiv festgestellt ist; ferner will ich annehmen, daß x negativ sey, damit, wenn das Verhältniß der aufeinander folgenden Glieder das Zeichen + hat, alle Glieder dasselbe Zeichen besitzen. Setzt man dieses fest, und bezeichnet mit N das Glied

$$\frac{m(m-1)\ldots\ldots(m-n+2)}{1.2\ldots\ldots(n-1)}x^{n-1},$$

welches das nte ist, so wird die vorgegebene Reihe folgende Form erhalten

$$N+N\left(1-\frac{m+1}{n}\right)x+N\left(1-\frac{m+1}{n}\right)x.\left(1-\frac{m+1}{n+1}\right)x+ \text{ꝛc.} \quad (S),$$

in welcher offenbar alle Glieder, mit Ausnahme der beiden ersten, größer seyn werden, als die der Quotientenprogression

$$N+N\left(1-\frac{m+1}{n}\right)x+N\left(1-\frac{m+1}{n}\right)x.\left(1-\frac{m+1}{n}\right)x+\text{ꝛc.}$$

aber kleiner, mit Ausnahme des ersten, als die der Progression

$$N+Nx+Nx.x+\text{ꝛc.}$$

Die Summe der Glieder der Reihe (S) wird also liegen zwischen den Summen oder vielmehr Grenzen (**Lacroix's Elém. d' Algèbre**) dieser beiden Progressionen; und da der Exponent in der ersten, $\left(1-\frac{m+1}{n}\right)x$, in der zweiten, x ist, so werden ihre respektiven Grenzen seyn:

$$\frac{N}{1-\left(1-\frac{m+1}{n}\right)x} \text{ und } \frac{N}{1-x}.$$

Dieses sind nun auch die Grenzen, über, respektive unter welchen die verschiedenen Annäherungswerthe liegen, welche die Reihe (S) darbietet; der Fehler wird folglich kleiner seyn, als ihre Differenz, welche ist

$$\frac{N\left(\frac{m+1}{n}\right)x}{(1-x)\left(1-(1-\frac{m+1}{m})x\right)}=\frac{N(m+1)x}{(1-x)(n+(m-n+1)x)}.$$

Man erkennt an der erstern Form dieses Ausdrucks leicht, daß er zu jedem beliebigen Grade von Kleinheit gebracht werden kann, indem man n immer größer und größer nimmt; denn der Zähler kann ohne Ende kleiner werden durch das Abnehmen des Faktors $\frac{m+1}{n}$, der Name aber kann, indem man in demselben jenen letzten Bruch außer Acht läßt, nicht unter die Größe $(1-x)^2$, — eine für alle Glieder der Reihe unveränderliche Größe — herabsinken.

Wendet man z. B. die Formel des Binoms an zur Ausziehung der Quadratwurzel der Zahl 2, indem man letztere unter folgende Form bringt: $\frac{9-1}{4}$, so hat man

$$\sqrt{2}=\tfrac{1}{2}\sqrt{9-1}=\tfrac{3}{2}\sqrt{1-\tfrac{1}{9}}=\tfrac{3}{2}(1-\tfrac{1}{9})^{\frac{1}{2}}.$$

In diesem Falle ist $m=\frac{1}{2}$, und da x schon negativ vorausgesetzt ist, so braucht man blos $\frac{1}{9}$ dafür zu substituiren. Will man nun bei dem Gliede stehen bleiben, wo $n=10$ ist, so wird man erhalten:

$$N=\frac{1.1.3.5.7.9.11.13.15.17}{2.4.6.8.10.12.14.16.18.20}\cdot\frac{1}{9^{10}}=0{,}000000000003;$$

die Grenzen des Restes der Reihe, welche den Werth von $(1-\frac{1}{9})^{\frac{1}{2}}$ ausdrückt, werden also seyn:

$$\frac{N}{1-\frac{1}{9}(1-\frac{3}{20})},\quad \frac{N}{1-\frac{1}{9}},$$

und der begangene Fehler wird kleiner seyn als

$$\frac{N.\frac{3}{2}.\frac{1}{9}}{(1-\frac{1}{9})(10+(\frac{1}{2}-9)\frac{1}{9})}=\frac{3.9N}{8.163}=0{,}00000000000006.$$

Man hat also nur noch diese Zahl mit $\frac{3}{2}$ zu multipliziren, um die Grenze der Annäherung an den Werth von $\sqrt{2}$ zu erhalten.

Wenn m negativ und >1 wäre, so würde die Ordnung der Größe der beiden Quotientenprogressionen, mit welchen ich die Reihe (S) verglichen habe, umgekehrt seyn; denn das Verhältniß des Gliedes N zu demjenigen, welches ihm folgt, würde, da es alsdann $\left(\frac{m-1}{n}+1\right)x$ wäre, dasjenige, welches blos durch x ausgedrückt ist, übertreffen; aber die Reihe (S) würde immer zwischen den Progressionen liegen, und man fände die Grenzen auf dieselbe Weise wie vorhin.

§. 8.

Ich habe angenommen, daß alle Glieder der Reihe (S) dasselbe Zeichen hätten, weil dieses der einfachste Fall ist; aber er hat nicht nehr Statt, wenn die Größen $\frac{m+1}{n}-1$ und x im Falle, daß m positiv ist, und die Größen $-\left(\frac{m-1}{n}+1\right)$ und x im Fale, daß m negativ ist, verschiedene Zeichen haben. Unter beiten Unständen werden die Glieder der Reihe (S) abwechselnd positiv und negativ seyn.

Der Abkürzung wegen will ich die Reihe (S) für diesen Fall folgendermaßen ausdrücken:

$$N-Px+Qx^2-Rx^3+Sx^4-Tx^5+\text{ꝛc.}$$

sie zerfällt in folgende beiden:

$$N+Qx^2+Sx^4+\text{ꝛc.}=K$$

$$-(Px+Rx^3+Tx^5+\text{ꝛc.})=L,$$

in welchen alle Glieder dasselbe Zeichen haben, und deren Grenzen man auf dieselbe Weise finden wird, wie man die der Reihe (S) gefunden hat, indem man statt des Verhältnisses $\left(1-\frac{m+1}{n}\right)x$ das Verhältniß $\left(1-\frac{m+1}{n}\right)^2x^2$ substituirt, weil die Glieder hier von zwei zu zwei genommen werden.

Es seyen k nnd k' die Grenzen der Reihe K, l und l' die der Reihe L; so daß

$$K>k \text{ und } <k',\ L>l \text{ und } <l'.$$

Zieht man von der größern Grenze von K die kleinere von L ab; so wird man offenbar haben:

$$K-L<k'-l;$$

und indem man das Umgekehrte vornimmt, findet man:

$$K-L>k-l'.$$

Ich will mich keineswegs mit der Entwickelung der Rechnung aufhalten; aber ich mache darauf aufmerksam, daß man, wenn die Glieder einer Reihe theils positiv, theils negativ sind, aus der Vergleichung der einem jeden Theile entsprechenden Grenzen nichts schließen kann; es wird zu nichts dienen, daß man hier weiß, daß $k'>K$ und $l'>L$; denn, indem man die Größe der Ueberschüsse nicht kennt, so wird man nicht wissen, ob $k'-l'$ über oder unter $K-L$ liegt. Endlich ist die vorgegebene Reihe, da sie in diesem Falle gleichbedeutend ist mit

$$N-((Px-Qx^2)+(Rx^3-Sx^4)+\text{ꝛc.})$$

und mit $N-Px+((Qx^2-Rx^3)+(Sx^4-Tx^5)+\text{ꝛc.})$, offenbar $>N$ und $<N-Px$, wenn sie konvergent ist.

§. 9.

Wenn man über die Größe x nach Willkühr verfügen darf, so ist es leicht eine Reihe von der Form

$$A + Bx + Cx^2 + Dx^3 + \text{ꝛc.},$$

in welcher das Verhältniß der auf einander folgenden Coeffizienten A und B, B und C ꝛc. nicht bis in's Unendliche wachsen kann, wenn schon diese Coeffizienten immer größer werden, so konvergent zu machen als man will. Dies ergiebt sich, wenn man die vorgegebene Reihe vergleicht mit einer Quotientenprogression, wie wir in den vorigen Paragraphen schon gethan haben; und man überzeugt sich durch dieses Mittel, daß immer ein Werth von x existirt, der das erste Glied größer als die Summe aller übrigen zu machen im Stande ist.

Gesetzt nämlich, es seyen $Nx^n + Px^{n+1}$ diejenigen Glieder, in welchen das Verhältniß der aufeinander folgenden Coeffizienten den größten Werth hat; bezeichnet man dieses Verhältniß mit r, und bildet die Quotientenprogression

$$A + Arx + Ar^2x^2 + Ar^3x^3 + \text{ꝛc.},$$

so werden alle Coeffizienten Ar, Ar^2, Ar^3, ꝛc. der Potenzen von x die Coeffizienten B, C, D, ꝛc. übertreffen, weil r größer ist als $\frac{B}{A}$, $\frac{C}{B}$, $\frac{D}{C}$, ꝛc.; und legt man das erste Glied A bei Seite, so wird man finden, daß die Summe der Glieder

$$Arx + Ar^2x^2 + Ar^3x^3 + \text{ꝛc.}$$

die der Glieder

$$Bx + Cx^2 + Dx^3 + \text{ꝛc.}$$

der vorgegebenen Reihe übertreffen wird. Nun ist

$$Arx + Ar^2x^2 + Ar^3x^3 + \text{ꝛc.} = \frac{Arx}{1-rx},$$

ein Ausdruck, dessen Werth man so klein machen kann, als man will, indem man für x einen passenden Werth setzt; denn nimmt man $x = \frac{1}{rq}$, so erhält man

$$\frac{Arx}{1-rx} = \frac{A}{q-1},$$

eine Größe, die ohne Ende abnimmt, je größere Werthe man q nacheinander ertheilt.

Die Summe aller Glieder der vorgegebenen Reihe, vom zweiten an gerechnet, kann also, da sie kleiner ist als $\frac{A}{q-1}$, so klein werden, als man will, und in ein jedes beliebige Verhältniß zum ersten, A, gebracht werden.

Hätte man z. B. die Reihe

$$2(10)^2x+4(10)^4x^2+6(10)^6x^3+8(10)^8x^4 \text{ꝛc.},$$

deren Gesetz darin besteht, daß zwei aufeinander folgende Glieder allgemein bezeichnet werden können mit

$$2n(10)^{2n}x^n+2(n+1)(10)^{2n+2}x^{n+1},$$

so würde man finden, daß das Verhältniß der Coeffizienten dieser Glieder wäre

$$\frac{n+1}{n}(10)^2;$$

setzt man nun nach einander

$$n=1,\ n=2,\ n=3,\ \text{ꝛc}$$

so wird die Größe $\frac{n+1}{n}$ nach einander

$$2,\ \tfrac{3}{2},\ \tfrac{4}{3},\ \text{ꝛc.}:$$

ihr größter Werth ist also 2, und folglich ist 200 das größte Verhältniß, welches zwischen zwei aufeinander folgenden Gliedern existirt. Setzt man $r=200$, $x=\frac{1}{2000}$, und bezeichnet fortwährend mit A das erste Glied, so wird die Summe aller übrigen kleiner seyn als $\frac{A}{q-1}$, und folglich kleiner als das erste Glied A, sobald man nur $q=2$, also $x=\frac{1}{400}$ setzt.

Wie weit auch immerhin der Erfolg des vorigen Verfahrens, um Reihen konvergent zu machen, sich erstrecken mag, so gibt es nichts desto weniger Reihen, deren Divergenz sich nicht ändern läßt; dies sind solche, in welchen das Verhältniß der Coeffizienten fortwährend wächst. Die Reihe

$$1+1.2x+1.2.3x^2+1.2.3.4x^3+\text{ꝛc.}$$

bietet ein Beispiel dieses Falles dar.

Der Ausdruck für irgend zwei auf einander folgende Glieder in derselben ist

$$1.2.3\ldots.(n+1)x^n+1.2.3.(n+2)x^{n+1},$$

und ihr Verhältniß, $(n+2)x$, wächst ohne Aufhören mit der Zahl n, welche letztere keine Grenze zuläßt: wie klein also auch immer der Werth seyn möge, den man dem x ertheilt, so wird immerhin, da dieser Werth derselbe bleibt in der ganzen Reihe, die Größe $(n+2)x$ endlich die Einheit übersteigen, und ohne Ende wachsen.

Dieses Beispiel reicht hin, um deutlich zu machen, daß man sich nur mit vieler Vorsicht der Reihen bedienen darf, wenn man vermittelst derselben annähernde Werthe zu erhalten beabsichtiget.

Von den Grenzen der Funktionen, und dem Begriffe des unendlich Großen und unendlich Kleinen.

§. 10.

Aus den vorigen Rechnungen und der Summation der abnehmenden Quotientenprogressionen geht hervor, daß es Größen gibt, die, wenn schon durch Addition aus einer unbegrenzten Anzahl von Gliedern gebildet, sich dennoch nicht über einen gewissen Grad von Größe erheben können, und zwar deswegen, weil die Funktionen, von welchen sie die Entwickelung sind, keines Wachsthums ohne Grenzen fähig sind: es ist leicht, diesen letztern Umstand zu erkennen bei Funktionen, deren algebraischen Ausdruck man hat.

Gesetzt man habe für's Erste die sehr einfache Funktion $\frac{ax}{x+a}$, in welcher x positiv sey, und ohne Ende zunehme; dividirt man Zähler und Nenner dieses Bruches durch x, so zeigt das Resultat

$$\frac{a}{1+\frac{a}{x}}$$

deutlich, daß die Funktion immer kleiner bleibt als a, daß sie sich aber dem Werthe a ohne Aufhören nähert, weil der Theil $\frac{a}{x}$ ihres Nenners immer mehr und mehr abnimmt, und zu jedem beliebigen Grade von Kleinheit gebracht werden kann. Die Differenz zwischen a und dem vorgegebenen Bruche, deren allgemeiner Ausdruck ist:

$$a-\frac{ax}{x+a}=\frac{a^2}{x+a}$$

wird um so kleiner, je größer x wird, und **kann kleiner als jede gegebene Größe werden, wie klein auch immer diese letztere sey;** so daß also der **vorgegebene Bruch sich dem Werthe a so sehr nähern kann, als man will:** der Werth a ist also die **Grenze** der Funktion $\frac{ax}{x+a}$, in Beziehung auf die unendliche Zunahme, welche x erhalten kann.

Die Kennzeichen, die ich eben auseinander gesetzt habe, sind diejenigen, in welchen die wahre Bedeutung des Wortes **Grenze** liegt, die demselben gegeben werden muß, um alles dasjenige zu erfassen, was sich darauf beziehen kann.

Wenn man im vorigen Beispiele die Bemerkung fest hält, daß, wie weit man auch die Zunahme von x treiben möge, man dennoch nie den Bruch $\frac{a^2}{x+a}$ als Null ansehen könne, so würde man hieraus mit Recht schließen, daß die Funktion $\frac{ax}{x+a}$, obgleich sie sich ohne Ende der Grenze a nähern könne, dennoch nie dieselbe erreichen, und noch viel weniger sie übertreffen werde; aber es wäre verkehrt, wenn man diesen Umstand in die allgemeine Definition des Wortes Grenze als Bedingung aufnehmen wollte: man würde dadurch die Verhältnisse verschwindender Größen ausschließen — Verhältnisse, deren Existenz unumstößlich ist, und von denen eine große Anzahl in der Analysis vorkommt.

§. 11.

Vergleicht man die Funktionen ax und $ax+x^2$, so findet man, daß ihr Verhältniß, auf den einfachsten Ausdruck gebracht, offenbar $\frac{a}{a+x}$ ist, und daß dieses sich um so mehr der Einheit nähert, je kleiner x wird. Es wird genau 1, wenn $x=0$; aber wie können die Größen ax und $ax+x^2$, welche alsdann vollkommen Null werden, ein bestimmtes Verhältniß zu einander haben? Dieses scheint nicht leicht begreiflich; und man verschafft davon nur dadurch einen klaren Begriff, wenn man die Größe 1 als eine Grenze bezeichnet, welcher sich das Verhältniß der Funktionen ax und $ax+x^2$ so sehr nähern kann, als man will, indem die Differenz

$$1-\frac{a}{a+x}=\frac{a}{a+x}$$

kleiner als jede gegebene noch so kleine Größe werden kann.

Von einer andern Seite kann das Verhältniß $\frac{a}{a+x}$ der Größen ax und $ax+x^2$ nicht allein die Einheit erreichen, wenn man darin $x=0$ macht, sondern sie übertreffen, wenn man x negativ annimmt, weil es alsdann $\frac{a}{a-x}$ wird, eine Größe, welche die Einheit übersteigt, wenn $x<a$. Dieser Umstand scheint mir die Idee einer Grenze keineswegs zu widersprechen; denn man kann den Werth 1, welcher $x=0$ entspricht, als eine Größe ansehen, welcher das Verhältniß der Funktionen ax und $ax+x^2$

um so näher zu kommen strebt, je kleiner die Werthe von x werden, mag man sie nun positiv oder negativ annehmen.

In der Folge werden die geometrischen Betrachtungen den Zweck dieser Bemerkung in noch helleres Licht setzen; aber es ist von anderer Seite klar, daß die Einwürfe, welche man in dieser Beziehung vorbringen könnte, keinen Grund haben, denn da eine Definition von Wörtern immer willkührlich ist, so dürfen letztere beim Gebrauche allemal nur in der ihnen beigelegten Bedeutung angewendet werden: nun entsteht aber die Anwendung der Grenzen aus Sätzen, deren Wahrheit blos beruht auf der Möglichkeit zu beweisen, daß eine veränderliche Größe sich ihrer Grenze so sehr nähern kann als man will. Folgende sind die bedeutendsten:

1. Zwei Größen, welche die Grenzen der nämlichen Funktion sind, sind einander gleich.

Denn gesetzt, dieses wäre nicht der Fall, so müßten diese Größen eine Differenz haben, und folglich könnte die vorgegebene Funktion sich zu gleicher Zeit der einen und der andern dieser gegebenen Größen nur bis zu einer gegebenen Größe nähern, welches der Definition der Grenzen widerspricht.

2. Die Grenze des Verhältnisses zweier Funktionen ist dem Verhältnisse ihrer Grenzen gleich.

Es seyen p und q die entsprechenden Grenzen der Funktionen P und Q; so hat man allgemein

$$P = p + \alpha, \quad Q = q + \beta,$$

wo α und β Größen bezeichnen, welche zusammen abnehmen, und zu gleicher Zeit verschwinden; es wird also seyn:

$$\frac{P}{Q} = \frac{p+\alpha}{q+\beta} \text{ und } \frac{p+\alpha}{q+\beta} - \frac{p}{q} = \frac{q\alpha - p\beta}{(q+\beta)\,q},$$

ein Bruch, dessen Nenner nicht kleiner werden kann als q^2, während der Zähler ohne Aufhören um so kleiner wird, je kleiner α und β werden, oder je mehr sich die Funktionen P und Q ihren Grenzen nähern: es ist also (§. 10) $\frac{p}{q}$ die Grenze von $\frac{P}{Q}$.

§. 12.

Folgender sehr allgemeiner Ausdruck

$$\frac{Ax^{\alpha} + Bx^{\beta} + Cx^{\gamma} + \ldots}{A'x^{\alpha'} + B'x^{\beta'} + Cx^{\gamma'} + \ldots}$$

umfaßt eine unendliche Anzahl von Fällen, in welchen das Verhältniß zweier Funktionen endlich oder angebbar bleiben kann, obgleich eine jede für sich Null oder unendlich seyn mag.

Um die Grenze desselben zu finden für den Fall, daß x immer kleiner und kleiner wird, müssen die Glieder des Zählers und Nenners nach der Reihenfolge der Exponenten von x so geordnet werden, daß man mit demjenigen Gliede beginnt, in welchem x den kleinsten Exponenten hat; und alsdann gebe man ihm die Form

$$\frac{x^{\alpha}(A + Bx^{\beta-\alpha} + Cx^{\gamma-\alpha} + \ldots\ldots)}{x^{\alpha'}(A' + B'x^{\beta'-\alpha'} + C'x^{\gamma'-\alpha'} + \ldots\ldots)}.$$

Man unterscheide nun drei Fälle, nämlich:

$$\alpha > \alpha', \quad \alpha = \alpha', \quad \alpha < \alpha'.$$

In dem ersten wird das Verhältniß, auf den kürzesten Ausdruck gebracht, folgendes seyn:

$$\frac{x^{\alpha-\alpha'}(A + Bx^{\beta-\alpha} + Cx^{\gamma-\alpha} + \ldots\ldots)}{A' + B'x^{\beta'-\alpha'} + C'x^{\gamma'-\alpha'} + \ldots\ldots};$$

und sein Zähler allein verschwindet, wenn $x=0$ wird; er nähert sich also dem Werthe Null um so mehr, je mehr x abnimmt.

Nicht so verhält es sich, wenn $\alpha=\alpha'$; denn dann verändert sich der Ausdruck in

$$\frac{A + Bx^{\beta-\alpha} + Cx^{\gamma-\alpha} + \ldots\ldots}{A' + B'x^{\beta'-\alpha'} + C'x^{\gamma'-\alpha'} + \ldots\ldots},$$

und wenn die Anzahl der Glieder des Zählers und Nenners endlich ist, oder wenn es möglich ist, durch passende Werthe von x die Summe der Reihen

$$\frac{Bx^{\beta-\alpha} + Cx^{\gamma-\alpha} + \ldots\ldots}{B'x^{\beta'-\alpha'} + C'x^{\gamma'-\alpha'} + \ldots\ldots},$$

immer kleiner und kleiner zu machen (§. 9.), so wird obiges Verhältniß sich ohne Aufhören dem bestimmten Bruche $\frac{A}{A'}$ nähern, und dieser ist seine Grenze. Es ist zu bemerken, daß man unmittelbar zu dieser Grenze gelangt, wenn man $x=0$ macht.

Im dritten Falle, in welchem $\alpha<\alpha'$ ist, schreibe man das vorgegebene Verhältniß auf folgende Weise

$$\frac{A + Bx^{\beta-\alpha} + Cx^{\gamma-\alpha} + \ldots\ldots}{x^{\alpha'-\alpha}(A' + B'x^{\beta'-\alpha'} + C'x^{\gamma'-\alpha'} + \ldots\ldots)};$$

und da jetzt durch die Annahme $x=0$ der Nenner verschwindet, während der Zähler sich auf A reduzirt, so wird es unendlich, und hat also keine Grenze.

§. 13.

Wenn man die Grenzen der vorgegebenen Funktion finden will, für den Fall, daß x immer größer und größer wird, so muß man die Glieder derselben so ordnen, daß man mit dem höchsten Exponenten anfängt, und sie also folgendermaßen schreiben:

$$\frac{x^\alpha\left(A+\frac{B}{x^{\alpha-\beta}}+\frac{C}{x^{\alpha-\gamma}}+\ldots\right)}{x^{\alpha'}\left(A'+\frac{B'}{x^{\alpha'-\beta'}}+\frac{C'}{x^{\alpha'-\gamma'}}+\ldots\right)};$$

bringt man sie alsdann auf den einfachsten Ausdruck, so erhält man, wenn $\alpha > \alpha'$,

$$\frac{x^{\alpha-\alpha'}\left(A+\frac{B}{x^{\alpha-\beta}}+\frac{C}{x^{\alpha-\gamma}}+\ldots\right)}{A'+\frac{B'}{x^{\alpha'-\beta'}}+\frac{C'}{x^{\alpha'-\gamma'}}+\ldots}.$$

Erwägt man nun, daß die Glieder von der Form

$$\frac{B'}{x^{\alpha'-\beta'}},\quad \frac{C'}{x^{\alpha'-\gamma'}},\quad \ldots\ldots$$

immer kleiner werden, je mehr x zunimmt, so sieht man, daß die vorgegebene Funktion unendlich zu werden strebt, weil ihr Nenner nicht kleiner werden kann als A', während ihr Zähler ohne Ende größer wird, wegen des Faktors $x^{\alpha-\alpha'}$ und der bestimmten Größe A.

Wäre $\alpha = \alpha'$, so würden Zähler und Nenner sich auf ihre ersten Glieder A und A' zu reduziren streben, und die vorgegebene Funktion hätte dann zur Grenze $\frac{A}{A'}$.

Wenn $\alpha < \alpha'$ ist, so erhält man

$$\frac{A+\frac{B}{x^{\alpha-\beta}}+\frac{C}{x^{\alpha-\gamma}}+\ldots\ldots}{x^{\alpha'-\alpha}\left(A'+\frac{B'}{x^{\alpha'-\beta'}}+\frac{C'}{x^{\alpha'-\gamma'}}\right)+\ldots};$$

in diesem Falle hat der Zähler allein ein Grenze, nämlich A, während der Nenner ohne Ende größer wird; die vorgegebene Funktion strebt also Null zu werden, und hat folglich keine angebbare Grenze.

§. 14.

Alles Vorhergehende läßt sich in wenige Worte zusammenfassen, wenn man bemerkt, daß die Grenze der vorgegebenen Funktion nur von dem Verhältnisse

$$\frac{Ax^{\alpha}}{A'x^{\alpha'}}$$

ihrer ersten Glieder abhängig ist, ein Verhältniß, welches

$$\frac{Ax^{\alpha-\alpha'}}{A'} \text{ oder } \frac{A}{A'} \text{ oder } \frac{A}{A'x^{\alpha'-\alpha}}$$

wird, je nachdem $\alpha > \alpha'$, $\alpha = \alpha'$, $\alpha < \alpha'$ ist.

Es ist also, wenn man nur dieses Verhältniß sucht, erlaubt, ja sogar nothwendig, alle übrigen Glieder der vorgegebenen Funktion außer Acht zu lassen.

Man drückt diesen Umstand auf eine abgekürzte Weise aus, indem man sich der Ausdrücke des unendlich Großen und unendlich Kleinen bedient, und als Grundsatz aufstellt: daß jede Potenz einer unendlich großen Größe in Vergleich mit einer Potenz derselben Größe von höherem Exponenten verschwindet, und daß auf der andern Seite jede Potenz einer unendlich kleinen Größe in Vergleich mit einer niedrigern Potenz derselben Größe verschwindet.

Wendet man diese Grundsätze unmittelbar auf den Ausdruck

$$\frac{Ax^{\alpha} + Bx^{\beta} + Cx^{\gamma} + \ldots\ldots}{A'x^{\alpha'} + B'x^{\beta'} + C'x^{\gamma'} + \ldots\ldots}$$

an, so reduzirt man ihn sofort auf

$$\frac{Ax^{\alpha}}{A'x^{\alpha'}},$$

wenn er so geordnet ist, daß man mit dem höchsten Exponenten angefangen, für die erste Voraussetzung nämlich, daß x unendlich groß sey, oder mit dem niedrigsten, für die zweite Voraussetzung, daß x unendlich klein sey.

Dieser Sprachgebrauch, der durch seine Kürze sehr bequem, und in seinem Fundamente sehr exakt ist, hat einen Vorwand zu sehr vielen Einwürfen gegeben, weil er eine wirkliche Existenz dem mathematischen Unendlichen beizulegen scheint, welches doch eigentlich nur eine negative Idee ist, weil man unendlich groß oder unendlich klein eine Größe nennt, wenn sie zu dem höchsten Grade von Größe oder zu dem niedrigsten Grade von Kleinheit gelangt ist; und man begreift alsdann nicht, wie es mehrere

Ordnungen des unendlich Großen oder unendlich Kleinen geben könne, ja selbst nicht, daß eine Größe je angesehen werden könne als wirklich unendlich groß oder unendlich klein. Und in der That, es gibt keine genauere Bezeichnungen dieser Begriffe, als die in den folgenden Grundsätzen enthaltenen, deren sich die alten Geometer immer bedienten:

1. **Wie groß auch immerhin eine Größe sey, man kann sich eine andere denken, welche sie übertrifft um so viel man will.**

2. **Wie klein auch immerhin eine Größe sey, man kann sich eine andere denken, welche kleiner ist.**

Wenn man zuweilen auf Ausdrücke stößt, welche diesen Grundsätzen entgegen zu seyn scheinen, so wird es hinreichen, sie mit einiger Aufmerksamkeit zu untersuchen, um sich zu überzeugen, daß das unendlich Große oder unendlich Kleine in denselben nie auf eine absolute Weise betrachtet vorkommt, sondern daß es sich in der That immer um Verhältnisse handelt, welche zu gewissen angebbaren Grenzen hinstreben, deren Existenz leicht begreiflich ist; diese Bemerkung wird um so einleuchtender erscheinen, je mehr man in die Differential- und Integral-Rechnung selbst hinein tritt.

Entwickelung der Funktionen in Reihen.

1. Von den algebraischen Funktionen.

§. 15.

Wir wollen jetzt zu der Entwickelung der Funktionen in Reihen übergehen, und mit der Funktion $(p+x)^m$ beginnen. Obgleich sie sich in fast allen Elementarwerken befindet, so ist doch die Art und Weise, wie sie dort hergeleitet wird, in aller Strenge nur anwendbar auf den Fall, wo m eine ganze und positive Zahl ist, und wir glauben daher ihre Herleitung durch ein neues Verfahren vornehmen zu müssen, welches dieser Einschränkung nicht unterworfen ist. Uebrigens weiß man, wie wenig man sich auch immer in der Analysis umgesehen hat, daß der Ausdruck von $(p+x)^m$, welchen man Newton verdankt, zur Entwickelung von fast allen Funktionen angewendet wird: es ist also, da wir diesen Gegenstand behandeln wollen, schicklich, damit zu beginnen.

Die Zusammenstellung der ersten Potenzen von $(1+x)$, namlich:

$$\left.\begin{array}{l}(1+x) = 1+x \\ (1+x)^2 = 1+2x+x^2 \\ (1+x)^3 = 1+3x+3x^2+x^3 \\ (1+x)^4 = 1+4x+6x^2+4x^3+x^4 \\ \text{rc.}\end{array}\right\}$$

führt im Allgemeinen zu der Annahme:

$$(1+x)^m = 1+Ax+Bx^2+Cx^3+Dx^4+\text{rc.},$$

in welcher die Coeffizienten A, B, C, D rc. Größen sind, die von x nicht abhangen, so daß sie also dieselben bleiben, welchen Werth man auch x beilegt; nun ist aber $(p+x)^m = p^m\left(1+\frac{x}{p}\right)^m$: setzt man also in der vorgegebenen Reihe $\frac{x}{p}$ statt x, so erhält man

$$(p+x)^m = p^m\left(1+A\frac{x}{p}+B\frac{x^2}{p^2}+C\frac{x^3}{p^3}+D\frac{x^4}{p^4}+\text{rc.}\right),$$

und indem man die Multiplikation mit p^m ausführt, so kommt

$$(p+x)^m = p^m+Ap^{m-1}x+Bp^{m-2}x^2+Cp^{m-3}x^3+Dp^{m-4}x^4 + \text{rc.} \quad (1.)$$

eine Gleichung, welche wahr seyn muß, unabhängig von jedem einzelnen Werthe von p und x, wenn die Coeffizienten A, B, C, D gehörig bestimmt werden.

Gesetzt nun, es verwandele sich x in x+u, so erhält man offenbar

$$(p+x+u)^m = p^m+Ap^{m-1}(x+u)+Bp^{m-2}(x+u)^2+Cp^{m-3}(x+u)^3+Dp^{m-4}(x+u)^4+\text{rc.} \quad (2);$$

diese Gleichung aber läßt sich noch unter einer andern Form darstellen, indem man $p+x=q$ setzt: dann wird $(p+x+u)^m = (q+u)^m$, und indem man q für p und u für x in der Gleichung (1.) setzt, so kommt

$$(q+u)^m = q^m+Aq^{m-1}u+Bq^{m-2}u^2+Cq^{m-3}u^3+Dq^{m-4}u^4\text{rc.} \quad (3.)$$

Da die zweiten Seiten der Gleichungen (2) und (3) Ausdrücke derselben Größe in zwei verschiedenen Formen sind, so kann man sie gleich setzen, und dieses gibt

$$\left.\begin{array}{l}p^m+Ap^{m-1}(x+u)+Bp^{m-2}(x+u)^2 \\ +Cp^{m-3}(x+u)^3+Dp^{m-4}(x+u)^4 \\ +\text{rc.}\end{array}\right\} = \left\{\begin{array}{l}q^m+Aq^{m-1}u+Bq^{m-2}u^2 \\ +Cq^{m-3}u^3+Dq^{m-4}u^4 \\ +\text{rc.}\end{array}\right.$$

Um nun aber die beiden Seiten dieser letztern Gleichung unter sich zu vergleichen, muß man auf der ersten Seite die Potenzen von $(x+u)$, die sich dort finden, entwickeln: wendet man hierbei eine ähnliche Bezeichnung wie bei der Gleichung (1.) an, so kann offenbar angenommen werden

$$\begin{aligned}
x+u &= x + a^{I}u \\
(x+u)^2 &= x^2 + a^{II}\,xu + b^{II}\,u^2 \\
(x+u)^3 &= x^3 + a^{III}\,x^2u + b^{III}\,xu^2 + c^{III}\,u^3 \\
(x+u)^4 &= x^4 + a^{IV}x^3\,u + b^{IV}x^2\,u^2 + c^{IV}\,xu^3 + d^{IV}\,u^4, \\
&\text{ꝛc.}
\end{aligned}$$

wo die Buchstaben a, b, c, d, ꝛc. Zahlen bezeichnen, welche unabhängig von x und u sind, und bei welchen der Accent, womit sie behaftet sind, die Potenz bezeichnet, wozu sie gehören. Substituirt man diese Werthe, und ordnet sie so, daß alle Glieder, welche mit derselben Potenz von u behaftet sind, in eine Reihe zu stehen kommen, so erhält man:

$$\left.\begin{matrix} p^m \\ +Ap^{m-1}x \\ +Bp^{m-2}x^2 \\ +Cp^{m-3}x^3 \\ +Dp^{m-4}x^4 \\ +\text{ꝛc.} \end{matrix}\right\} \left.\begin{matrix} +Ap^{m-1}a^{I} \\ +Bp^{m-2}a^{II}x \\ +Cp^{m-3}a^{III}x^2 \\ +Dp^{m-4}a^{IV}x^3 \\ +\text{ꝛc.} \end{matrix}\right\} u \left.\begin{matrix} +Bp^{m-2}b^{II} \\ +Cp^{m-3}b^{III}x \\ +Dp^{m-4}b^{IV}x^2 \\ +\text{ꝛc.} \end{matrix}\right\} u^2 \left.\begin{matrix} +Cp^{m-3}c^{III} \\ +Dp^{m-4}c^{IV}x \\ +\text{ꝛc.} \end{matrix}\right\} u^3 + \text{ꝛc.}$$

$$= q^m + Aq^{m-1}u + Bq^{m-2}u^2 + Cq^{m-3}u^3 + \text{ꝛc.}\ (4).$$

Da der Werth von x in der Gleichung (1.) unbestimmt bleiben muß, so sieht man leicht, daß dasselbe von x und von u in der Gleichung (4.) angenommen werden muß, die nur eine Folge der ersten ist; nun kann aber diese Bedingung nicht erfüllt seyn, wenn nicht die Gleichung (4.) identisch wird unabhängig von u; d. h. wenn nicht die Größen, welche ein und dieselbe Potenz von u auf beiden Seiten multipliziren, sich gegenseitig vernichten.

Vergleicht man für's Erste die erste Kolonne jeder Seite, so findet man

$$p^m + Ap^{m-1}x + Bp^{m-2}x^2 + Cp^{m-3}x^3 + Dp^{m-4}x^4 + \text{ꝛc.} = q^m,$$

ein Resultat, welches schon nach der Voraussetzung identisch ist, da ja $q^m = (p+x)^m$.

Geht man zur zweiten Kolonne über, so findet man:

$$Ap^{m-1}a^{I} + Bp^{m-2}a^{II}x + Cp^{m-3}a^{III}x^2 + Dp^{m-4}a^{IV}x^3 + \text{ꝛc.} = Aq^{m-1},$$

eine Gleichung, welche zur Bestimmung der Coeffizienten A, B, C, D, ꝛc. hinreichen wird. Es ist nämlich $q^{m-1} = \frac{q^m}{q} = \frac{(p+x)^m}{p+x}$, und setzt man statt $(p+x)^m$ seinen Werth, so erhält man, nach Wegschaffung des Nenners,

$$(Ap^{m-1}a^{I} + Bp^{m-2}a^{II}x + Cp^{m-3}a^{III}x^{2} + Dp^{m-4}a^{IV}x^{3} + \text{ꝛc.})(p+x)$$
$$= Ap^{m} + A^{2}p^{m-1}x + ABp^{m-2}x^{2} + ACp^{m-3}x^{3} + ADp^{m-4}x^{4} + \text{ꝛc.},$$

und wenn man die angezeigte Multiplikation ausführt, so kommt

$$Ap^{m}a^{I} + \left.\begin{matrix} Bp^{m-1}a^{II} \\ +Ap^{m-1}a^{I} \end{matrix}\right\} x \left.\begin{matrix} +Cp^{m-2}a^{III} \\ +Bp^{m-2}a^{II} \end{matrix}\right\} x^{2} \left.\begin{matrix} +Dp^{m-3}a^{IV} \\ +Cp^{m-3}a^{III} \end{matrix}\right\} x^{3} + \text{ꝛc.}$$
$$= Ap^{m} + A^{2}p^{m-1}x + ABp^{m-2}x^{2} + ACp^{m-3}x^{3} + \text{ꝛc.}$$

Man muß bei dieser ganzen Rechnung nicht aus den Augen verlieren, daß A, B, C, D, ꝛc. Zahlen sind, in welchen weder p noch x, noch u vorkommen kann; man muß also diese Gleichung wie die vorige behandeln, und indem man die Coeffizienten jeder Potenz von x auf beiden Seiten vergleicht, so findet man:

$$\left.\begin{aligned} A &= Aa^{I} \\ A^{2} &= Ba^{II} + Aa^{I} \\ AB &= Ca^{III} + Ba^{II} \\ AC &= Da^{IV} + Ca^{III} \\ &\text{ꝛc.} \end{aligned}\right\} \text{und hieraus erhält man} \left\{\begin{aligned} A &= Aa^{I} \\ B &= \frac{A(A-a^{I})}{a^{II}} \\ C &= \frac{B(A-a^{II})}{a^{III}} \\ D &= \frac{C(A-a^{III})}{a^{IV}} \\ &\text{ꝛc.} \end{aligned}\right.$$

Die Art und Weise, wie sich diese Gleichungen bilden, ist einleuchtend genug, um sie so weit fortsetzen zu können, als man will; und man sieht leicht, daß, wenn $Pp^{m-n}x^{n}$ und $Qp^{m-n-1}x^{n+1}$ zwei aufeinander folgende Glieder der Entwickelung von $(p+x)^{m}$ vorstellen, man erhalten wird

$$AP = Qa^{III\ldots(n+1)} + Pa^{III\ldots(n)}, \text{ woraus folgt}$$

$$Q = P\left(\frac{A - a^{III\ldots(n)}}{a^{III\ldots(n+1)}}\right),$$

ein Ausdruck, in welchem n keine Potenz von a bezeichnet, sondern die Anzahl der Accente, welche dieser Buchstabe haben muß.

Ich bemerke, daß die Coeffizienten B, C, D ꝛc. alle bestimmt seyn werden, wenn man a^{I}, a^{II}, a^{III}, ꝛc., A kennte; aber diese letztern sind nichts anders als die Coeffizienten des zweiten Gliedes der Potenzen des Binoms, welche zum Exponenten die Zahlen 1, 2, 3, ꝛc. m haben.

Es folgt hieraus, daß man aus dem zweiten Gliede der Entwickelung von $(p+x)^{m}$ alle übrigen herleiten kann; denn da A der Coeffizient dieses zweiten Gliedes ist, so müssen sich daraus, gleichsam wie einzelne Fälle, die der zweiten Glieder von $(p+x)$, $(p+x)^{2}$, $(p+x)^{3}$, ꝛc. ergeben.

§. 16.

Man weiß schon, daß die zweiten Glieder jener erstern Potenzen sind: x, $2px$, $3p^2x$, ꝛc.; es scheint natürlich, daraus nach Analogie zu schließen, daß das zweite Glied von $(p+x)^m$ sey: $mp^{m-1}x$: es bleibt uns also blos diese Behauptung zu beweisen übrig, um im Stande zu seyn, alle Coeffizienten der gesuchten Entwickelung anzugeben.

Unter der großen Anzahl von Mitteln, dahin zu gelangen, wähle ich das folgende, welches Euler in einem der sinnreichsten Beweise des binomischen Satzes angewendet hat, und welches ich schon an andern Orten vorgebracht habe. (**Complém. des Elémens d'Algèbre.**)

Welches auch immerhin der Coeffizient von x im zweiten Gliede der Entwickelung von $(1+x)^m$ seyn möge, er ist nothwendig eine Funktion blos vom Exponenten m, und ich bezeichne ihn daher mit $f(m)$, wobei der Buchstabe f eine Abkürzung des Wortes Funktion ist. Nach dieser Uebereinkunft erhält man

$$(1+x)^m = 1 + x f(m) + \text{ꝛc.}$$

und eben so

$$(1+x)^r = 1 + x f(r) + \text{ꝛc.}$$

Multiplizirt man diese beiden Gleichungen mit einander, so erhält man

$$(1+x)^{m+r} = 1 + x(f(m) + f(r)) + \text{ꝛc.};$$

aber nach der angeführten Bemerkung hat man auch

$$(1+x)^{m+r} = 1 + x f(m+r) + \text{ꝛc.},$$

wo $f(m+r)$ aus $m+r$ auf dieselbe Weise besteht, wie $f(m)$ und $f(r)$ bezüglich aus m und r; und indem man die obigen beiden Entwickelungen vergleicht, so folgt

$$f(m+r) = f(m) + f(r),$$

eine Gleichung, welche das charakteristische Merkmal der durch f bezeichneten Funktion ausdrückt.

Verwandelt man r in $r+s$, so wird die vorige Gleichung

$$f(m+r+s) = f(m) + f(r+s);$$

dieselbe vorige Gleichung gibt aber auch

$$f(r+s) = f(r) + f(s),$$

mithin ist $f(m+r+s) = f(m) + f(r) + f(s)$.

Setzt man $s+t$ statt s, so kommt

$$(fm+r+s+t) = f(m) + f(r) + f(s) + f(t) \text{ und so fort.}$$

Nachdem dieses festgesetzt ist, so erhält man

1. wenn $r=1$ gesetzt wird

$$f(m+1) = f(m) + f(1), \text{ oder } f(m+1) = f(m) + 1;$$

denn da $r=1$ ist, so reduzirt sich $(1+x)^r$ auf $1+x$, oder der Coeffizient von x ist 1, so daß also $f(1)=1$.

Setzt man nun nach einander

$$m=1,\ m=2,\ m=3,\ \text{etc.}$$

so findet man

$$f(2)=f(1)+1=2$$
$$f(3)=f(2)+1=3$$
$$\cdots\cdots\cdots$$
$$f(m-1)=f(m-2)+1=m-1$$
$$f(m)=f(m-1)+1=m:$$

dieses gilt für den Fall, in welchem m eine ganze Zahl ist.

2. Es sey $m=r=s=t$; da die Gleichung

$$f(m+r+s+t)=f(m)+f(r)+f(s)+f(t)$$

sich nun verwandelt in

$$f(4m)=4f(m)$$

so folgt daraus

$$f(m)=\tfrac{1}{4}f(4m);$$

und hieraus ergibt sich, daß, wenn $4m$ eine ganze Zahl ist, die ich mit i bezeichne, man erhält

$$f(4m)=i,\ \text{und}\ f\left(\frac{i}{4}\right)=\tfrac{1}{4}i;$$

man würde auf dieselbe Weise in dem Falle schließen können, in welchem m irgend ein Bruch $\frac{i}{k}$ wäre, und man würde finden $f\left(\frac{i}{k}\right)=\frac{i}{k}$.

3. Setzt man endlich $m+r=0$, ein Fall, in welchem $f(m+r)=0$, und $(1+x)^0=1$, so folgt, daß $f(0)$ nothwendig 0 ist: man erhält alsdann also

$$f(m)+f(r)=0,\ \text{oder}\ f(r)=-f(m);$$

aber da $m+r=0$, so folgt $r=-m$; also

$$f(-m)=-f(m)=-m.$$

Man kann also die Behauptung aufstellen, daß, was auch immer die durch m vorgestellte Zahl sey, — wenn sie rational ist, so werden die beiden ersten Glieder der Entwickelung von $(1+x)^m$ seyn: $1+mx$. Ich werde in der Folge zeigen, daß selbst in dem Falle, wenn der Exponent m irrational oder gar imaginär ist, die obige Behauptung immer richtig seyn wird.

§. 17.

Nimmt man die Gleichungen

$$\left.\begin{array}{l} A = Aa^{I} \\ B = \frac{A(A - a^{I})}{a^{II}} \\ C = \frac{B(A - a^{II})}{a^{III}} \\ D = \frac{C(A - a^{III})}{a^{IV}} \\ \cdot\;\cdot\;\cdot\;\cdot\;\cdot\;\cdot\;\cdot \\ Q = \frac{P(A - a^{(n)})}{a^{(n+1)}} \\ \text{rc.} \end{array}\right\}$$

wieder auf, und setzt darin

$$a^{I} = 1,\; a^{II} = 2,\; a^{III} = 3,\; a^{IV} = 4 \ldots\ldots A = m,$$

so liefern sie

$$\begin{array}{l} A = m \\ B = A\frac{(m-1)}{2} = \frac{m(m-1)}{1.2} \\ C = B\frac{m-2}{3} = \frac{m(m-1)(m-2)}{1.2.3} \\ D = C\frac{m-3}{4} = \frac{m(m-1)(m-2)(m-3)}{1.2.3.4} \\ \cdot\;\cdot\;\cdot\;\cdot\;\cdot\;\cdot\;\cdot\;\cdot\;\cdot\;\cdot\;\cdot\;\cdot\;\cdot \\ Q = P\frac{(m-n)}{n+1} \\ \text{rc.} \end{array}$$

Der Ausdruck von Q enthält das allgemeine Gesetz der Coeffizienten, und aus ihm geht hervor, wie ein jeder derselben sich aus dem vorhergehenden ergibt.

Substituirt man die eben gefundenen Werthe, so erhält man

$$(1+x)^{m} = \left\{\begin{array}{l} 1 + \frac{m}{1}x + \frac{m(m-1)}{1.2}x^{2} + \frac{m(m-1)(m-2)}{1.2.3}x^{3} + \\ + \frac{m(m-1)(m-2)(m-3)}{1.2.3.4}x^{4} + \text{rc.}, \end{array}\right.$$

und zum allgemeinen Gliede, dessen Exponent von x, da er unbestimmt bleibt, durch n bezeichnet wird,

$$\frac{m(m-1)(m-2)\ldots\ldots(m-n+1)}{1.2.3\ldots\ldots n}x^{n}.$$

§. 18.

Wir haben zur Bestimmung der Coeffizienten A, B, C, D ꝛc. nur diejenigen Glieder der Gleichung (4.) gebraucht, welche mit der ersten Potenz von u behaftet sind; indessen dürfen wir schließen, daß die übrigen in jedem Gliede identisch sind; denn wäre dieß nicht der Fall, so folgten daraus neue Gleichungen, denen unmöglich Genüge geschehen könnte, da die Größen A, B, C, D, ꝛc. schon bestimmt sind, und es wäre also falsch, wenn man sagte, die Entwickelung von $(1+x)^m$ könne durch eine Reihe von der Form $1+Ax+Bx^2 Cx^3+$ ꝛc., die zu allen Werthen von x paßt, vorgestellt werden.

Wenn schon dieses Raisonnement vollkommen die Richtigkeit der erhaltnen Entwickelung zu beweisen scheint, so will ich, um nichts zu wünschen zu lassen, dennoch zeigen, daß die übrigen Glieder der Gleichung (4.) sich gegenseitig vertilgen.

Zu diesem Behufe nehme ich den Ausdruck.

$$p^m+Ap^{m-1}(x+u)+Bp^{m-2}(x+u)^2+Cp^{m-3}(x+u)^3+ Dp^{m-4}(x+u)^4+\text{ꝛc.}$$

der Gleichung wiederum auf, dessen Entwickelung die erste Seite der Gleichung (4.) bildet, und ich bemerke, daß man diese Entwickelung mit Hülfe des Vorigen ausführen kann, da die Coeffizienten A, B, C, D, ꝛc. bestimmt sind. Sucht man nämlich diejenige Größe, mit welcher irgend eine Potenz u^n derselben multiplizirt seyn muß, so ist leicht zu ersehen, daß man zu u^n nicht vor dem Gliede, welches mit $(x+u)^n$ affizirt ist, gelangen könne, daß man aber von diesem aus obige Potenz in allen Gliedern findet, so daß also, wenn man die Potenzen von $(x+u)^n$, $(x+u)^{n+1}$, ꝛc. entwickelt, und mit u statt mit x anfängt, welches einerlei ist, u^n im ersten Gliede bei der ersten Entwickelung, im zweiten Gliede bei der zweiten, u. s. w. vorkommen wird.

Gesetzt also, daß man in der vorgegebenen Reihe folgende Glieder habe:

$$Pp^{m-n}(x+u)^n+Qp^{m-n-1}(x+u)^{n+1}+Rp^{m-n-2}(x+u)^{n+2} + Sp^{m-n-3}(x+u)^{n+3}+\text{ꝛc.};$$

so folgt daraus für den Coeffizienten von u^n,

$$Pp^{m-n}+\frac{(n+1)}{1}Qp^{m-n-1}x+\frac{(n+2)(n+1)}{1.2}Rp^{m-n-2}x^2 +\frac{(n+3)(n+2)(n+1)}{1.2.3}Sp^{m-n-3}x^3+\text{ꝛc.};$$

aber nach dem Gesetze, welches wir für die Coeffizienten der Entwickelung von $(p+x)^m$ gefunden haben, muß man haben

$$Q = \frac{m-n}{n+1} P$$

$$R = \frac{m-n-1}{n+2} Q = \frac{(m-n)(m-n-1)}{(n+1)(n+2)} P$$

$$S = \frac{m-n-2}{n+3} R = \frac{(m-n)(m-n-1)(m-n-2)}{(n+1)(n+2)(n+3)} P$$

rc.;

substituirt man diese Werthe, und vollzieht die sich darbietenden Reduktionen, so erhält man

$$P\left(p^{m-n} + \frac{(m-n)}{1} p^{m-n-1}x + \frac{(m-n)(m-n-1)}{1.2} p^{m-n-2}x^2 + \frac{(m-n)(m-n-1)(m-n-2)}{1.2.3} p^{m-n-3}x^3 + \text{rc.}\right).$$

Man erkennt leicht, daß die Größe in der Parenthese nichts anders ist, als die Entwickelung von $(p+x)^{m-n}$; der Coeffizient von u^n wird also auf der ersten Seite der Gleichung (4.) $P(p+x)^{m-n}$ seyn; auf der zweiten ist er offenbar $Pq^{m-n} = P(p+x)^{m-n}$: die Identität ist also bewiesen.

Wie weitläufig auch immer diese Rechnung seyn mag, sie verdient nichts desto weniger eine spezielle Beachtung, weil sie auf den genauesten Prinzipien beruht, und weil sie, wie man bald sehen wird, zu einer großen Zahl von Resultaten führt, die eben so bedeutend als elegant sind.

§. 19.

Man könnte von den vorigen Formeln zur Entwickelung von $(a+bx+cx^2+dx^3+\ldots\ldots)^m$ nach den Potenzen von x Gebrauch machen, aber man kann dazu auf eine einfachere Weise gelangen, wie man sogleich sehen wird. Man darf nämlich offenbar annehmen: daß:

$$(a+bx+cx^2+dx^3+\ldots\ldots)^m = A+Bx+Cx^2+Dx^3+Ex^4+\text{rc.};$$

denn bringt man die erste Seite dieser Gleichung auf die Form eines Binoms $(a+k)^m$, und entwickelt dieses, so wird das Resultat, was auch immerhin m seyn möge, nur ganze und positive Potenzen von k, enthalten, von der ersten an einschließlich; und wenn man statt k wiederum seinen Werth setzte, so würde folglich diese Substitution nur ganze und positive Potenzen von x einführen. Nachdem dieses festgesetzt ist, so wird, wenn x sich in $x+u$ verwandelte,

$$(a+b(x+u)+c(x+u)^2+d(x+u)^3+\ldots.)^m = A+B(x+u)+C(x+u)^2+D(x+u)^3+E(x+u)^4 + \text{2c.} \ldots\ldots (1.);$$

da diese Gleichung unabhängig von jedem einzelnen Werthe von x und u statt finden muß, so müssen in der Entwickelung der beiden Seiten, die Glieder, welche einerlei Potenzen von x und u multipliziren, identisch seyn. Die Funktion

$$a+b(x+u)+c(x+u)^2+d(x+u)^3+\text{2c.}$$

wird für's Erste

$$\left.\begin{array}{l} a+bx+cx^2+dx^3+\ldots.. \\ +bu+2cxu+3dx^2u+\ldots.. \\ +cu^2+3dxu^2+\ldots.. \\ +\text{2c.} \end{array}\right\};$$

setzt man der Kürze wegen,

$$a+bx+cx^2+dx^3+\ldots..=p$$

$$\left.\begin{array}{l} (b+2cx+3dx^2+\ldots.)u \\ +(cu+3dxu+\ldots.)u \\ +\text{2c.}\ldots. \end{array}\right\}=qu,$$

so verwandelt sich die erste Seite der Gleichung (1.) in

$$(p+qu)^m = p^m + mp^{m-1}qu + \frac{m(m-1)}{1.2}p^{m-2}q^2u^2 + \text{2c.};$$

da es aber nach §. 15. hinreicht, blos die Glieder, welche mit der ersten Potenz von u behaftet sind, zu betrachten, so beschränken wir uns also auf $p^m+mp^{m-1}qu$. Setzt man statt qu wieder seinen Werth, so sieht man, daß die zweite und die folgenden Zeilen desselben ausgeschlossen werden müssen, weil sie Glieder enthalten, die mit u^2 und noch höhern Potenzen von u behaftet sind: man erhält also zum Endresultat:

$$p^m+mp^{m-1}(b+2cx+3dx^2+\ldots..)u.$$

Geht man nun über zur zweiten Seite der Gleichung (1.), so erhält man sofort

$$A+Bx+Cx^2+Dx^3+Ex^4+\text{2c.}$$
$$+(B+2Cx+3Dx^2+4Ex^3+\text{2c.})u.$$

Die erste Zeile ist nichts anders als der angenommene Werth für $(a+bx+cx^2+\ldots..)^m$ oder p^m; man erhält also, indem man die Coeffizienten von u vergleicht,

$$mp^{m-1}(b+2cx+3dx^2+\ldots.)=B+2Cx+3Dx^2+4Ex^3+\text{2c.};$$

es ist aber $p^{m-1}=\frac{p^m}{p}$, und wenn man statt p^m und p ihre Werthe setzt, so findet man nach Wegschaffung der Nenner,

$$m(A+Bx+Cx^2+Dx^3+Ex^4+\text{ꝛc.})(b+2cx+3dx^2+4ex^3+\ldots.)$$
$$=(B+2Cx+3Dx^2+4Ex^3+\text{ꝛc.})(a+bx+cx^2+dx^3+ex^4+\ldots):$$

führt man die angezeigten Multiplikationen aus, so ergibt sich

$$mbA+\left.\begin{matrix}mbB\\+2mcA\end{matrix}\right\}x+\left.\begin{matrix}mbC\\+2mcB\\+3mdA\end{matrix}\right\}x^2+\left.\begin{matrix}mbD\\+2mcC\\+3mdB\\+4meA\end{matrix}\right\}x^3+\left.\begin{matrix}mbE\\+2mcD\\+3mdC\\+4meB\\+5mfA\end{matrix}\right\}x^4+\text{ꝛc.}$$

$$=\left\{\begin{matrix}aB+\left.\begin{matrix}2aC\\+bB\end{matrix}\right\}x+\left.\begin{matrix}3aD\\+2bC\\+cB\end{matrix}\right\}x^2+\left.\begin{matrix}4aE\\+3bD\\+2cC\\+dB\end{matrix}\right\}x^3+\left.\begin{matrix}5aF\\+4bE\\+3cD\\+2dC\\+eB\end{matrix}\right\}x^4+\text{ꝛc.}\end{matrix}\right.$$

Vergleicht man die Coeffizienten der homologen Potenzen von x, so erhält man

$aB=mbA$

$2aC=(m-1)bB+2mcA$

$3aD=(m-2)bC+(2m-1)cB+3mdA$

$4aE=(m-3)bD+(2m-2)cC+(3m-1)dB+4meA$

$5aF=(m-4)bE+(2m-3)cD+(3m-2)dC+(4m-1)eB+5mfA$

ꝛc.

Das Gesetz dieser Werthe ist leicht zu erkennen: alle Coeffizienten B, C, D ꝛc. werden bestimmt seyn, wenn A bekannt ist; aber man sieht, daß A den Werth der Entwickelung für $x=0$ ausdrückt, und in diesem Falle reduzirt sich die vorgegebene Funktion

$$(a+bx+cx^2+dx^3+\ldots.)^m$$

auf a^m: man hat also $A=a^m$.

Berechnet man nach diesem Werthe die der Buchstaben B, C, D, ꝛc., so findet man leicht, daß der Ausdruck für die $m$te Potenz des Polynoms $a+bx+cx^2+dx^3+$ ist:

$$a^m+\frac{m}{1}a^{m-1}bx+\left.\begin{matrix}\frac{m(m-1)}{1.2}a^{m-2}b^2\\+\frac{m}{1}a^{m-1}c\end{matrix}\right\}x^2+\left.\begin{matrix}\frac{m(m-1)(m-2)}{1.2.3}a^{m-3}b^3\\+\frac{m(m-1)}{1.1}a^{m-2}bc\\+\frac{m}{1}a^{m-1}d\end{matrix}\right\}x^3+$$

$$\left.\begin{array}{l}
+\frac{m(m-1)(m-2)(m-3)}{1.2.3.4}a^{m-4}b^4 \\
+\frac{m(m-1)m-2)}{1.2.1}a^{m-3}b^2c \\
+\frac{m(m-1)}{1.1}a^{m-2}bd \\
+\frac{m(m-1)}{1.2}a^{m-2}c^2 \\
+\frac{m}{1}a^{m-1}e
\end{array}\right\} x^4$$

$$\left.\begin{array}{l}
+\frac{m(m-1)(m-2)(m-3)(m-4)}{1.2.3.4.5}a^{m-5}b^5 \\
+\frac{m(m-1)(m-2)(m-3)}{1.2.3.1}a^{m-4}b^3c \\
+\frac{m(m-1)(m-2)}{1.2.1}a^{m-3}b^2d \\
+\frac{m(m-1)(m-2)}{1.1.2}a^{m-3}bc^2 \\
+\frac{m(m-1)}{1.1}a^{m-2}be \\
+\frac{m(m-1)}{1.1}a^{m-2}cd \\
+\frac{m}{1}a^{m-1}f
\end{array}\right\} x^5 + \text{rc.}$$

§. 20.

Moivre, der zuerst diese Entwickelung angegeben, hat auch Regeln zur successiven Bildung aller Glieder mitgetheilt; aber sie sind wenig bequem und beruhen blos auf Induktion; ich werde mich dabei nicht aufhalten, weil ich in der Folge weit ergiebigere Verfahrungsarten auseinander setzen muß. Ich kann indeß diesen Gegenstand nicht verlassen, ohne seine Verbindung mit der Entwickelung der mten Potenz des Binoms $\alpha+\beta+\gamma+\delta+$ rc. dessen Glieder unabhängig sind, nachzuweisen.

Man gelangt ohne Mühe durch Newton's binomische Formel (siehe Compl. des Elém. d' Alg., oder unten §. 24.) zu dem Beweise, daß alle Glieder der Entwickelung von $(\alpha+\beta+\gamma+\delta$ rc.$)^m$ sie ergeben vermittelst des Ausdrucks

$$\frac{m(m-1)\ldots\ldots\ldots\ldots\ldots\ldots(m-n'+1)}{1.2.3\ldots q\times 1.2.3\ldots r\times 1.2.3\ldots s\times \text{rc.}}\alpha^{m-n'}\beta^q\gamma^r\delta^s\text{rc.},$$

indem man für q, r, s ꝛc. alle ganzen und positiven Zahlen, (0 mit eingeschlossen) setzt, welche der Gleichung

$$q + r + s + \text{ꝛc.} = n'$$

Genüge leisten, und dem n′ nach einander die Werthe 0, 1, 2, 3, ꝛc. ertheilt. Setzt man nun

$$\alpha = a,\ \beta = bx,\ \gamma = cx^2,\ \delta = dx^3,\ \text{ꝛc.}$$

so wird das zu entwickelnde Polynom

$$(a + bx + cx^2 + dx^3 + \text{ꝛc.})^m;$$

der Ausdruck, welcher alle seine Glieder umfaßt, wird seyn:

$$\frac{m(m-1)\ \ldots\ldots\ldots\ (m-n'+1)}{1.2.3\ldots q \times 1.2.3\ldots r \times 1.2.3\ldots s \times \text{ꝛc.}}\, a^{m-n'} b^q c^r d^s \text{ꝛc.}\ x^{q+2r+3s+\ldots}$$

Da man sich aber immer vorsetzt, die gesuchte Entwickelung nach den Potenzen von x zu ordnen, so muß man unter den verschiedenen Gliedern, welche der obige Ausdruck liefert, diejenigen zusammen nehmen, welche mit derselben Potenz von x behaftet sind; d. h. wenn der Exponent der Potenz, deren Coeffizient man haben will, n ist, so muß man, um die Glieder zu finden, woraus er besteht, den Buchstaben q, r, s, ꝛc. alle ganzen und positiven Werthe geben, welche

$$q + 2r + 3s + \text{ꝛc.} = n$$

machen, und alsdann n′ durch die Gleichung

$$q + r + s + \text{ꝛc.} = n'$$

bestimmen.

Folgendes ist die Tabelle dieser Werthe in den ersten Gliedern:

für $n = 0$, findet man $q = 0$, $r = 0$, $s = 0$, ꝛc. $n' = 0$

$n = 1$, — — $q = 1$, $r = 0$, $s = 0$, — $n' = 1$

$n = 2$, — — $\begin{cases} q = 2,\ r = 0,\ s = 0, & n' = 2 \\ q = 0,\ r = 1,\ s = 0, & n' = 1 \end{cases}$

$n = 3$, — — $\begin{cases} q = 3,\ r = 0,\ s = 0, & n' = 3 \\ q = 1,\ r = 1,\ s = 0, & n' = 2 \\ q = 0,\ r = 0,\ s = 1, & n' = 1 \end{cases}$

ꝛc.

Wenn man die Exponenten der Buchstaben a, b, c, ꝛc. für jedes Glied bestimmt hat, so ergibt sich sofort der Zahlencoeffizient, womit sie multiplizirt werden müssen, indem man darauf Acht hat, in seinem Nenner, die Faktoren wegzulassen, welche sich beziehen auf diejenigen der Buchstaben q, r, s, ꝛc., welche Null sind, oder vielmehr welche in dieses Glied nicht hineinkommen.

Wenn z. B. $n = 3$, so erhält man die drei Glieder

$$\frac{m(m-1)(m-2)}{1\ .\ 2\ .\ 3}\, a^{m-3} b^3,\quad \frac{m(m-1)}{1.1}\, a^{m-2} bc,\quad \frac{m}{1}\, a^{m-1} d,$$

welche in der That (wie wir am Schlusse von §. 19. gesehen) x^3 multiplizieren.

Die Schwierigkeit besteht, wie man sieht, blos in der Bildung aller Combinationen von ganzen und positiven Zahlen, welche der Gleichung

$$q + 2r + 3s + \text{rc.} = n$$

nach den verschiedenen Werthen von n Genüge leisten können; man hat zu diesem Behufe mehrere Verfahrungsarten, und darunter sehr sinnreiche erdacht, und es ist dieses speziell der Gegenstand der kombinatorischen Analysis, deren erste Idee Leibnitz angehört, und die in Deutschland viel bearbeitet worden ist; in den übrigen Ländern hat man sich weit weniger damit beschäftigt, und dafür Methoden angewendet, welche mit den Formen der analytischen Rechnung übereinstimmender sind.

2. Von den transcendenten Funktionen.

Exponential-Funktionen.

§. 21.

Die einfachste aller transcendenten Funktionen ist die, welche man kennt unter dem Namen Exponential-Funktion, und zu welcher man geführt wurde, indem man die Beziehung betrachtete, welche obwaltet zwischen irgend einem Gliede einer Quotientenprogression, und der Stelle, die es einnimmt. Nennt man das erste Glied α, den Exponenten a, das gesuchte Glied y, und die Anzahl der Glieder, welche ihm vorhergehen, x, so ist, wie bekannt, $y = \alpha a^x$; und in dieser Gleichung, in welcher α und a unveränderliche Größen sind für jede Progression, ist y eine Funktion von x, und umgekehrt x eine Funktion von y; aber diese Funktionen sind beide von einer höhern Ordnung als die algebraischen Funktionen; denn, um y zu erhalten, muß eine unbestimmte Anzahl von Multiplikationen und selbst Wurzelausziehungen ausgeführt werden, wenn man dem x Bruchwerthe beilegt. Die Gleichung $y = \alpha a^x$, welche für jeden Werth von x ihren Grad ändert, nannte Johann Bernoulli, der sich zuerst damit beschäftigte, eine fortlaufende Gleichung (équation percourante). Was die Bestimmung von x durch y betrifft, so kann diese nur mit Hülfe der Logarithmen ausgeführt werden.

Ich will jetzt die Mittel zur Entwickelung der Funktion y angeben, und, der Einfachheit wegen, $\alpha = 1$ setzen, woraus $y = a^x$ folgt. Ich nehme an, a^x könne vorgestellt werden durch die Reihe

$$A_0 + A_1 x + A_2 x^2 + A_3 x^3 + \text{etc.},$$

in welcher A_0, A_1, A_2, etc. die von x unabhängigen Coeffizienten sind, und die unterhalb stehenden Ziffern 0, 1, 2, etc. den Exponenten derjenigen Potenz von x andeuten, die den Buchstaben multiplizirt, wobei sie stehen; A_m wird also der Coeffizient von x^m seyn. Diese Bezeichnung, welche anfangs etwas komplizirt zu seyn scheint, ist nichts destoweniger sehr bequem, und sehr geeignet, das Gesetz, welches zwischen den Werthen der Coeffizienten obwaltet, deutlich zu machen.

Man wird vielleicht die Frage aufwerfen, welcher Umstand die Wahl der Reihe bedingt habe, und warum sie nach steigenden Potenzen x fortschreite: es ist leicht, diese Fragen zu beantworten. Die Funktion a^x wird nämlich der Einheit gleich, wenn man darin $x = 0$ setzt, und wenn man der Reihe Form gegeben hätte:

$$A_0 + \frac{A_1}{x} + \frac{A_2}{x^2} + \text{etc.},$$

so sieht man, daß, unter derselben Voraussetzung, alle Glieder der Reihe unendlich groß werden; letztere Form also konnte die vorgegebene Funktion nicht vorstellen. Im Allgemeinen, wenn die Form der Reihe mit der gesuchten Entwickelung nicht übereinstimmte, so würde die Rechnung auf widersprechende Beziehungen zwischen den Coeffizienten führen. Es folgt hieraus, daß, um auf die Resultate der Methode der unbestimmten Coeffizienten, die ich hier anwende, bauen zu können, man sich vergewissern muß, daß man nicht auf widersprechende Beziehungen stößt, wie weit man auch die Rechnung treibt; letzterer Umstand ist es, den man nicht würde erklären können, in dem Falle wo die Reihe unendlich ist, es sey denn, daß man das Gesetz angeben könnte, welches die Glieder der Reihe befolgen.

Nachdem dieses festgesetzt ist, so verwandelt sich die Funktion a^x, wenn x in $x+u$ übergeht, in a^{x+u}; da aber die Coeffizienten A_0, A_1, A_2, etc. unabhängig sind von jedem speziellen Werthe von x, so muß man auf gleiche Weise haben:

$$a^x = A_0 + A_1 x + A_2 x^2 + A_3 x^3 + \text{etc.},$$

und $$a^u = A_0 + A_1 u + A_2 u^2 + A_3 u^3 + \text{etc.},$$

und $$a^{x+u} = A_0 + A_1(x+u) + A_2(x+u)^2 + A_3(x+u)^3 + \text{etc.};$$

und da $a^x \times a^u = a^{x+u}$, so muß das Produkt der beiden ersten Reihen gleich seyn der letzten. Um die verschiedenen Partialprodukte zu ordnen, reicht es hin, in der obern Reihe jedes Mal ein Glied weniger zu nehmen, wenn man den Multiplikator in der untern Reihe wechselt, und alle Glieder, welche aus derselben

Potenz von $(x+u)$ in der dritten Reihe entstehen in ein und dieselbe Kolonne zu setzen; man erhält alsdann:

$$\left.\begin{array}{l} A_0A_0 + A_0A_1x + A_0A_2x^2 + A_0A_3x^3 + A_0A_4x^4 + \text{etc.} \\ \quad + A_1A_0u + A_1A_1ux + A_1A_2ux^2 + A_1A_3ux^3 + \text{etc.} \\ \quad\quad + A_2A_0u^2 + A_2A_1u^2x + A_2A_2u^2x^2 + \text{etc.} \\ \quad\quad\quad + A_3A_0u^3 + A_3A_1u^3x + \text{etc.} \\ \quad\quad\quad\quad + A_4A_0u^4 + \text{etc.} \end{array}\right\} =$$

$$\left\{\begin{array}{l} A_0 + A_1x + A_2x^2 + A_3x^3 + A_4x^4 + \text{etc.} \\ \quad + A_1u + 2A_2ux + 3A_3ux^2 + 4A_4ux^3 + \text{etc.} \\ \quad\quad + A_2u^2 + 3A_3u^2x + 6A_4u^2x^2 + \text{etc.} \\ \quad\quad\quad + A_3u^3 + 4A_4u^3x + \text{etc.} \\ \quad\quad\quad\quad + A_4u^4 + \text{etc.} \end{array}\right.$$

Da diese Gleichung für jeden beliebigen Werth von u und x statt finden muß, so folgt daraus nothwendig, daß diese Größen auf die Bestimmung der Coeffizienten keinen Einfluß haben können, und daß also jedes Glied der ersten Seite dem entsprechenden der zweiten Seite gleich seyn muß; man hat also $A_0 A_0 = A_0$, welches $A_0 = 1$ gibt, ein Werth, den man überall statt A_0 setzen kann, und welcher diesen Buchstaben in allen Gliedern, wo er vorkommt, wegzulassen gestattet. Es folgt aus dieser Weglassung, daß die erste Zeile der ersten Seite identisch ist mit der ersten der zweiten Seite; wir werden also mittelst der zweiten Zeile die Gleichungen suchen, welche die Coeffizienten bestimmen, und so erhalten

$$\left.\begin{array}{l} A_1 = A_1 \\ A_1A_1 = 2A_2 \\ A_1A_2 = 3A_3 \\ A_1A_3 = 4A_4 \\ \text{etc.} \end{array}\right\} \text{woraus man erhält} \left\{\begin{array}{l} A_1 = \dfrac{A_1}{1} \\ A_2 = \dfrac{A_1^2}{1.2} \\ A_3 = \dfrac{A_1^3}{1.2.3} \\ A_4 = \dfrac{A_1^4}{1.2.3.4} \\ \text{etc.} \end{array}\right.$$

und allgemein

$$A_1 A_{m-1} = mA_m, \qquad A_m = \frac{A_1^m}{1.2.3\ldots m}.$$

Da alle Coeffizienten, mit Ausnahme des zweiten A_1, durch diese Gleichungen bestimmt sind, so folgt, daß, wenn die für die Entwickelung von a^x angenommene Form die richtige ist, die dritte Zeile der ersten Seite, und alle folgenden, von selbst identisch werden müssen mit den entsprechenden auf der zweiten Seite. *)

*) Ich glaubte den Beweis dieser Behauptung übergehen zu können;

Um diese Behauptung zu beweisen, nehme man auf der ersten Seite irgend ein Glied $u^m x^n$; sein Coeffizient wird offenbar seyn $A_m A_n$ oder

$$\frac{A_1^{\,m}}{1.2.3\ldots m} \times \frac{A_1^{\,n}}{1.2.3\ldots m} = \frac{A_1^{\,m+n}}{1.2.3\ldots m \times 1.2.3\ldots n}.$$

Dasselbe Glied $u^m x^n$ hat, da es einen Theil der Potenz $(m+n)$ von $(x+u)$ auf der zweiten Seite ausmacht, zum Coeffizienten

$$\frac{(m+n)(m+n-1)\ldots\ldots(m+1)A_{m+n}}{1.2.3\ldots\ldots\ldots n};$$

aber

$$A_{m+n} = \frac{A_1^{\,m+n}}{1.2.3\ldots\ldots(m+n)};$$

substituirt man diesen Werth und hebt die gemeinschaftlichen Faktoren des Zählers und Nenners auf, nämlich alle Zahlen

---

denn hebt man in der ersten Gleichung auf beiden Seiten die identischen Glieder auf, und dividirt dann beide Seiten durch u, so ergibt sich

$$\left.\begin{array}{l} A_1 + A_1^{\,2}x + A_1A_2x^2 + A_1A_3x^3 + \text{ꝛc.} \\ \quad + A_2u + A_2A_1ux + A_2A_2ux^2 + \text{ꝛc.} \\ \quad + \text{ꝛc.} \end{array}\right\} = \left\{\begin{array}{l} A_1 + 2A_2x + 3A_3x^2 + 4A_4x^3 + \text{ꝛc.} \\ \quad + A_2u + 3A_3ux + 6A_4ux^2 + \text{ꝛc.} \\ \quad + \text{ꝛc.} \end{array}\right.$$

Da aber diese Gleichung für jeden Werth von u statt finden muß, so kann man $u=0$ setzen, alsdann reduzirt sich jede Seite auf die erste Zeile, und man erhält ganz die oben gefundenen Gleichungen. Obgleich dieser Gang kürzer ist, als derjenige, den ich befolgt habe, so glaubte ich dennoch letzteren den Vorzug geben zu müssen, weil er in Beziehung auf die Genauigkeit der Entwickelung nichts zu wünschen übrig läßt, und also aus diesem Grunde um so mehr denjenigen genügen wird, die noch keine bedeutende Gewandtheit in der Analysis haben.

Was ich eben bemerkt habe, findet gleichfalls seine Anwendung auf §. 34, §. 37 und §. 38, und ich werde mich dort der Wiederholung überheben.

Ich hätte auch von einem einfachern Umstande zur Bestimmung der Entwickelung von a^x ausgehen können, nämlich von der Gleichung $a^{2x} = a^x \times a^x$; aber die Gleichung $a^x \times a^u$, welche die vorhergehende in sich enthält, ist allgemeiner, und umfaßt alle Eigenthümlichkeiten, deren die Funktion a^x fähig ist, weil sie die ausgedehnteste Erklärung derselben ausdrückt, und die einzige, die einen Sinn enthält, wenn die veränderliche Größe x imaginär ist.

von $m+n$ bis zu $m+1$ einschließlich, so erhält man zum Resultat

$$\frac{A_1^{m+n}}{1.2.3....n \times 1.2.3....m},$$

d. i. dasselbe wie vorhin. Die Identität ist also nachgewiesen, und wir können daraus schließen, daß

$$a^x = 1 + \frac{A_1 x}{1} + \frac{A^2{}_1 x^2}{1.2} + \frac{A^3{}_1 x^3}{1.2.3} + \text{ꝛc.}$$

§. 22.

Es bleibt noch A_1 zu bestimmen übrig: zu diesem Behufe setzen wir $x = \frac{1}{A_1}$, so erhalten wir

$$a^{\frac{1}{A_1}} = 1 + \frac{1}{1} + \frac{1}{1.2} + \frac{1}{1.2.3} + \frac{1}{1.2.3.4} + \text{ꝛc.}$$

eine Reihe, deren Convergenz um so schneller wird, weil das Verhältniß der aufeinander folgenden Glieder ohne Ende abnimmt. Setzt man sie bis zum zehnten Gliede fort, so gibt sie 2,7182818, und wenn man mit e ihren genauen Werth, den man so nahe kommen kann, als man will, bezeichnet, so folgt

$$a^{\frac{1}{A_1}} = e.$$

Nimmt man den Logarithmus auf beiden Seiten dieser Gleichung, so erhält man

$$\frac{1}{A_1} \log a = \log e, \text{ also } A_1 = \frac{\log a}{\log e};$$

und vermittelst dieses Werthes von A_1 findet man

$$a^x = 1 + \frac{\log a}{\log e} \frac{x}{1} + \left(\frac{\log a}{\log e}\right)^2 \frac{x^2}{1.2} + \left(\frac{\log a}{\log e}\right)^3 \frac{x^3}{1.2.3} + \text{ꝛc.}$$

Diese Entwickelung vereinfacht sich, wenn man die Logarithmen desjenigen Systems nimmt, dessen Basis die Zahl e ist, weil alsdann $\log e = 1$; und wenn man diese Gattung Logarithmen durch das Symbol l' bezeichnet, so kommt

$$a^x = 1 + (l'a) \frac{x}{1} + (l'a)^2 \frac{x^2}{1.2} + (l'a)^3 \frac{a^3}{1.2.3} + \text{ꝛc.}$$

Setzt man endlich $a = e$, so erhält man einfach

$$e^x = 1 + \frac{x}{1} + \frac{x^2}{1.2} + \frac{x^3}{1.2.3} + \text{ꝛc.}$$

Die verschiedenen eben mitgetheilten Reihen werden in ihrem

Verlaufe immer konvergent, welchen Werth man auch dem x ertheilt, denn in der Reihe

$$1+\frac{A_1 x}{1}+\frac{A^2{}_1 x^2}{1.2}+\frac{A^3{}_1 x^3}{1.2.3}+\text{ꝛc.}$$

welche sie alle umfaßt, sind zwei aufeinander folgende Glieder von der Form

$$\frac{A^n{}_1 x^n}{1.2\ldots.n}+\frac{A_1{}^{n+1} x^{n+1}}{1.2\ldots n(n+1)},$$

ihr Verhältniß ist also $\frac{A_1 x}{n+1}$; setzt man nun aber die Reihe fort, so muß man nothwendig zu einem Gliede kommen, in welchem die Zahl $n+1$ die Größe $A_1 x$ übertrifft; und von diesem Gliede aus wird die Reihe immer mehr und mehr konvergent.

§. 23.

Folgendes ist eine sehr bemerkenswerthe Eigenthümlichkeit der Entwickelung von a^x.

Da $(a^x)^m = a^{mx}$, so folgt, daß

$$\left(1+\frac{A_1 x}{1}+\frac{A^2{}_1 x^2}{1.2}+\frac{A^3{}_1 x^3}{1.2.3}\right)^m =$$

$$1+\frac{mA_1 x}{1}+\frac{m^2 A^2{}_1 x^2}{1.2}+\frac{m^3 A^3{}_1 x^3}{1.2.3}+\text{ꝛc.}$$

und man erhält so mit der größten Leichtigkeit die Entwickelung irgend einer Potenz der Reihe, welche a^x ausdrückt, eine Entwickelung, die vermittelst der Formeln des §. 19. sehr weitläuftig seyn würde.

§. 24.

Die Entwickelung von e^x (§. 22.) führt auch auf eine sehr einfache Weise zu dem Ausdrucke des allgemeinen Gliedes der mten Potenz irgend eines Polynoms. Es sey $\alpha+\beta+\gamma+\delta+\varepsilon+$ ꝛc. dieses Polynom; setzt man für x die Größe $(\alpha+\beta+\gamma+\delta+\text{ꝛc.})\,x$, so erhält man für's Erste

$$e^{(\alpha+\beta+\gamma+\delta+\ldots.)x} = e^{\alpha x}.e^{\beta x}.e^{\gamma x}.e^{\delta x}.\text{ꝛc.};$$

setzt man für die Exponentialgrößen ihre Entwickelungen, so erhält man die Gleichung

$$1+\frac{(\alpha+\beta+\gamma+\delta+\text{ꝛc.})x}{1}+\frac{(\alpha+\beta+\gamma+\delta+\text{ꝛc.})^2 x^2}{1.2}$$
$$+\frac{(\alpha+\beta+\gamma+\delta+\text{ꝛc.})^3 x^3}{1.2.3}+$$
$$+\text{ꝛc.}=$$

$$=\left(1+\frac{\alpha x}{1}+\frac{\alpha^2x^2}{1.2}+\frac{\alpha^3x^3}{1.2.3}+\text{ꝛc.}\right)\times$$
$$\times\left(1+\frac{\beta x}{1}+\frac{\beta^2x^2}{1.2}+\frac{\beta^3x^3}{1.2.3}+\text{ꝛc.}\right)\times$$
$$\times\left(1+\frac{\gamma x}{1}+\frac{\gamma^2x^2}{1.2}+\frac{\gamma^3x^3}{1.2.3}+\text{ꝛc.}\right)\times$$
$$\times\left(1+\frac{\delta x}{1}+\frac{\delta^2x^2}{1.2}+\frac{\delta^3x^3}{1.2.3}+\text{ꝛc.}\right)\times$$
$$\times\text{ꝛc.}$$

Da das allgemeine Glied der ersten Seite ist:

$$\frac{(\alpha+\beta+\gamma+\delta+\text{ꝛc.})^m x^m}{1.2\ldots.m},$$

so muß man, um die entsprechenden Glieder der zweiten Seite zu erhalten, in dem angezeigten Produkte diejenigen wählen, welche mit der mten Potenz von x behaftet sind; nun ist aber irgend ein Glied dieses Produktes aus Faktoren zusammengesetzt, welche, einer nach dem andern, in jeder der Reihen genommen werden, deren Multiplikation angezeigt ist, und wird mithin von der Form seyn

$$\frac{\alpha^p x^p}{1.2.3\ldots p}\times\frac{\beta^q x^q}{1.2.3\ldots q}\times\frac{\gamma^r x^r}{1.2.3\ldots r}\times\frac{\delta^s x^s}{1.2.3\ldots s}\times\text{ꝛc.},$$

welche übereinstimmt mit

$$\frac{\alpha^p\beta^q\gamma^r\delta^s.\text{ꝛc.}\,x^{p+q+r+s+\ldots\ldots}}{1.2.3\ldots p\times1.2.3\ldots q\times1.2.3\ldots r\times1.2.3\ldots s\times\text{ꝛc.}};$$

folglich gibt der Ausdruck für die sämmtlichen Combinationen, in welchen man hat

$$p+q+r+s+\text{ꝛc.}=m,$$

alle Glieder, welche mit x^m behaftet sind, und wird also die Entwickelung von $\frac{(\alpha+\beta+\gamma+\delta+\text{ꝛc.})^m}{1.2.3\ldots.m}$ seyn. Multiplizirt man durch das Produkt $1.2.3\ldots.m$, so erhält man die Entwickelung von $(\alpha+\beta+\gamma+\delta+\text{ꝛc.})^m$; diese letztere wird also hervorgehen aus dem Ausdrucke

$$\frac{1.2.3\ldots.m\,\alpha^p\beta^q\gamma^r\delta^s.\text{ꝛc.}}{1.2.3\ldots p\times1.2.3\ldots q\times1.2.3\ldots r\times1.2.3\ldots s\times\text{ꝛc.}},\quad(1.)$$

indem man den ganzen Zahlen p, q, r, s, ꝛc. alle positiven Werthe, von Null angefangen, ertheilt, welche der Gleichung

$$p+q+r+s+\text{ꝛc.}=m$$

Genüge leisten können.

Diese Art, das allgemeine Glied der unbestimmten Potenz

des Polynoms zu erhalten, verdankt man Lagrange. Sie setzt voraus, daß der Exponent m eine ganze und positive Zahl ist; aber um sie auf die andern Fälle auszudehnen, reicht es hin, das Polynom in zwei Theile zu zerlegen.

Drückt man es folgender Maßen aus:

$$(\alpha+(\beta+\gamma+\delta+ \text{rc.}))^m,$$

so erhält man für's Erste aus der Formel des Binoms die Reihe

$$\alpha^m+\frac{m\alpha^{m-1}}{1}(\beta+\gamma+\delta+\text{rc.})+\frac{m(m-1)}{1.2}\alpha^{m-2}(\beta+\gamma+\delta+\text{rc.})^2+\text{rc.},$$

deren allgemeines Glied ist

$$\frac{m(m-1)(m-2)\ldots.(m-n'+1)}{1.2.3\ldots.n'}\alpha^{m-n'}(\beta+\gamma+\delta+\text{rc.})^{n'}\ldots.(1)$$

und in welchen n' eine ganze und positive Zahl ist; das allgemeine Glied des Polynoms $(\beta+\gamma+\delta+\text{rc.})^{n'}$ wird also nach der Formel (I) der vorigen Seite

$$\frac{1.2.3\ldots.n'\beta^q\gamma^r\delta^s.\text{rc.}}{1.2.3\ldots q\times 1.2.3\ldots.r\times 1.2.3\ldots.s\times\text{rc.}},$$

unter der Bedingung, daß $q+r+s+\text{rc.}=n'$: wenn man es in die Formel (1.) setzt, und die Faktoren $1.2.3\ldots.n'$, welche dem Zähler und Nenner gemeinschaftlich sind, aufhebt, so erhält man den Ausdruck

$$\frac{m(m-1)(m-2)\ldots.(m-n'+1)\alpha^{m-n'}\beta^q\gamma^r\delta^s.\text{rc.}}{1.2.3\ldots q\times 1.2.3\ldots r\times 1.2.3\ldots s\times\text{rc.}},$$

welcher schon §. 20. angewendet worden ist, und in welchem man bemerken muß, daß die negativen oder Bruch-Exponenten nicht über das erste Glied α des vorgebenen Polynoms hinaus sich erstrecken.

Entwickelung der transzendenten Funktionen.

Logarithmische Funktionen.

§. 25.

Wenn man einen Ausdruck für A_1 finden könnte, welcher nur algebraische Glieder in a enthielte, so würde man, da $A_1=\frac{\log a}{\log e}$, hierdurch die Entwickelung der logarithmischen Funktion erhalten; aber indem man $a=1+b$ macht, so wird die Funktion $a^x=(1+b)^x$, und kann vermittelst der Formel des Binoms entwickelt werden; man hat alsdann:

$$(1+b)^x = 1 + \frac{xb}{1} + \frac{x(x-1)}{1.2} b^2 + \frac{x(x-1)(x-2)}{1.2.3} b^3 + \frac{x(x-1)(x-2)(x-3)}{1.2.3.4.} b^4 + \text{ꝛc.}$$

Um diese Entwickelung mit derjenigen zu vergleichen, die wir §. 21. gefunden haben, muß man sie nach den Potenzen von x ordnen, und hierdurch erhält sie folgende Form:

$$1 + \left(b - \frac{b^2}{2} + \frac{b^3}{3} - \frac{b^4}{4} + \text{ꝛc.}\right) x$$
$$+ \left(b^2 - \frac{3b^3}{3} + \frac{11b^4}{3.4} + \text{ꝛc.}\right) \frac{x^2}{2}$$
$$+ \text{ꝛc.}$$

Das Gesetz des Coeffizienten von x ist leicht zu erkennen, und da dieser der einzige ist, dessen wir zur Bestimmung von A_1 bedürfen, so erhalten wir auf der Stelle $A_1 = b - \frac{b^2}{2} + \frac{b^3}{3} - \frac{b^4}{4} + \text{ꝛc.}$, oder, indem man statt b seinen Werth $a-1$ setzt,

$$A_1 = a - 1 - \frac{(a-1)^2}{2} + \frac{(a-1)^3}{3} - \frac{(a-1)^4}{4} + \text{ꝛc.};$$

und hieraus erhält man

$$\log a = \log e \left((a-1) - \frac{(a-1)^2}{2} + \frac{(a-1)^3}{3} - \frac{(a-1)^4}{4} + \text{ꝛc.}\right).$$

Diese Reihe ist nur dann konvergent, wenn $a-1$ eine sehr kleine Größe ist; aber man kann sie durch einen sehr einfachen Kunstgriff dazu bringen. Setzt man nämlich $\sqrt[m]{a}$ statt a, so kommt

$$\log \sqrt[m]{a} = \log e \left((\sqrt[m]{a}-1) - \frac{(\sqrt[m]{a}-1)^2}{2} + \frac{(\sqrt[m]{a}-1)^3}{3} - \frac{(\sqrt[m]{a}-1)^4}{4} + \text{ꝛc.}\right);$$

aber man weiß, daß $\log a = m \log \sqrt[m]{a}$: man erhält also

$$\log a = m \log e \left((\sqrt[m]{a}-1) - \frac{(\sqrt[m]{a}-1)^2}{2} + \frac{(\sqrt[m]{a}-1)^3}{3} - \frac{(\sqrt[m]{a}-1)^4}{4} + \text{ꝛc.}\right);$$

setzt man nun für m eine immer größere und größere Zahl; so kann man es dahin bringen, daß $\sqrt[m]{a}$ so wenig, als man will, von der Einheit verschieden ist; und da die Größe $\sqrt[m]{a}-1$ um so rascher abnimmt, je mehr m zunimmt, so kann der Ausdruck von log a so konvergent werden als man will.

Um die Rechnung zu erleichtern, muß man die Zahl m unter denen der Progression 2, 4, 8, 16, 32, ...2^n wählen, damit man nur Quadratwurzeln auszuziehen hat. Es ist zu bemerken, daß man immer zuwege bringen kann, daß das erste Glied der vorgegebenen Reihe einen hinreichenden Näherungswerth des log a liefert. Nimmt man nämlich den Exponenten n so groß, daß man, zwischen der Einheit und der ersten bedeutlichen Ziffer der ausgezogenen Wurzel, wenigstens eben so viele Nullen hat, als man Dezimalziffern im Endresultat erhalten will, so wird das Quadrat, da es doppelt so viel Dezimalziffern als seine Wurzel enthält, außerhalb der Grenzen fallen, die man sich vorgesteckt hat.

Es sey z. B. $a=10$: für diesen Fall fand Briggs, nachdem er 54 Mal nacheinander die Quadratwurzel dieser Zahl ausgezogen, zum Resultat

$$1{,}00000\ 00000\ 00000\ 12781\ 91493\ 20032\ 35:$$

zieht man die Einheit davon ab, so erhält man einen Bruch, dessen Quadrat vor seiner ersten bedeutlichen Ziffer 31 Nullen haben wird; die Größe $\sqrt[m]{a}-1$ gibt also in diesem Falle die 31 ersten Dezimalziffern des Werthes der ganzen Reihe; und wenn die Zahl m log e, womit die Reihe multiplizirt werden muß, 20 Ziffern in ihrem ganzen Theile enthält, so werden die 11 ersten Dezimalziffern des Produkts noch diejenigen des genauen Werthes von log a seyn; hierbei muß man bemerken, daß m, welches hier 2^{54} ist, nur 17 Ziffern hat, und daß in dem System der gewöhnlichen Logarithmen log e ein Bruch ist.

§. 26.

Lagrange, welcher zuerst die vorhergehende Reihe geliefert hat, bemerkt zugleich, daß man daraus eine andere herleiten könne, deren sämmtliche Glieder das Zeichen + haben, wenn man m negativ nimmt, weil

$$\sqrt[-m]{a}-1=\frac{1}{\sqrt[m]{a}}-1=-\left(1-\frac{1}{\sqrt[m]{a}}\right),$$

und weil, wenn a die Einheit übersteigt, man hat $\sqrt[m]{a}>1$, und $\frac{1}{\sqrt[m]{a}}<1$. Durch diese Verwandlung, und mit Rücksicht darauf, daß $\log a = -\log m \sqrt[-m]{a}$, erhält man

$$\log a = m \log e \left(\left(1 - \frac{1}{\sqrt[m]{a}}\right) + \tfrac{1}{2}\left(1 - \frac{1}{\sqrt[m]{a}}\right)^2 + \tfrac{1}{3}\left(1 - \frac{1}{\sqrt[m]{a}}\right)^3 + \text{etc.} \right).$$

Diese letzte Reihe liefert unmittelbar eine Grenze von $\log a$; denn da alle ihre Glieder additiv sind, so folgt daraus, daß

$$\log a > m \log e \left(1 - \frac{1}{\sqrt[m]{a}}\right).$$

Die Grenze im entgegengesetzten Sinne ergibt aus der andern Reihe, wenn man darauf Acht hat, daß, weil ihre Glieder abnehmend sind, das zweite, welches negativ ist, verbunden mit dem dritten, welches positiv ist, nothwendig ein negatives Resultat geben wird; und da es dieselbe Bewandtniß hat mit dem vierten und fünften, und mit allen übrigen Gliedern der Reihe, je zwei und zwei auf diese Weise genommen, so muß also das erste Glied für sich allein größer seyn als der wahre Werth: also

$$\log a < m \log e (\sqrt[m]{a} - 1).$$

Die Differenz zwischen den beiden Grenzen des $\log a$ ist

$$m \log e \left((\sqrt[m]{a} - 1) - \left(1 - \frac{1}{\sqrt[m]{a}}\right) \right) = m \log \frac{(\sqrt[m]{a} - 1)^2}{\sqrt[m]{a}},$$

und diese kann um so kleiner gemacht werden, je größer man die Zahl m nimmt.

§. 27.

Um $\log a$ zu bestimmen, muß man eine Annahme in Bezug auf $\log e$ festsetzen. Die einfachste ist offenbar, $\log a = 1$ zu setzen, in welchem Falle man es mit der speziellen Art von Logarithmen zu thun hat, welche schon oben §. 22. durch das Symbol l' bezeichnet und bisher hyperbolische Logarithmen genannt wurden, weil man sie ableiten kann aus der Quadratur der zwischen der gleichseitigen Hyperbel und ihren Asymptoten enthaltenen Räume; aber diese Benennung ist fehlerhaft, weil man eben so aus der Quadratur der Hyperbel im Allgemeinen alle Logarithmen-Systeme ableiten kann. Es wäre also passender, erstern den Namen ihres Erfinders zu geben, und auf diese Weise das Andenken an den Mann zu ehren, der der Mathematik einen so großen Dienst geleistet hat: man könnte sie also Logarithmen von Neper, oder Neper'sche Logarithmen nennen.

Briggs änderte das von Neper gewählte System, und um sich an unser Zahlen-System zu halten, nahm er als Basis die Zahl 10; er hatte also $\log 10 = 1$: aber wenn man sich auf das erste Glied der Reihe beschränkt, so findet man $\log e = \frac{\log a}{m(\sqrt[m]{a} - 1)}$; und setzt man statt a die Zahl 10, so kommt $\log e = \frac{1}{m(\sqrt[m]{10} - 1)}$.

Man hat im Vorigen gesehen, daß Briggs 54 Mal nach der Reihe die Quadratwurzel die Zahl 10 auszog; er hatte also $m = 2^n = 2^{54}$, und um den Quotienten $\frac{1}{2^{54}}$ zu finden, dividirte er die Einheit 54 Mal nach der Reihe durch 2, wodurch er erhielt

$$0,00000\ 00000\ 00000\ 05551\ 11512\ 31257\ 827.$$

Substituirt man diesen Werth statt $\frac{1}{m}$, so wie auch der für $\sqrt[m]{a}$, den ich weiter oben mitgetheilt habe, so erhält man, indem im Zähler und Nenner 15 Nullen weggelassen werden,

$$\log e \frac{0,5551\ 11512\ 31257\ 827}{1,2781\ 91493\ 20032\ 35} = 0,4342944819032518.$$

Dies ist die Zahl mit welcher die Logarithmen des Systems in welchem $\log e = 1$ (die Neperschen Logarithmen) multiplizirt werden müssen, um die Briggischen oder die der gewöhnlichen Tafeln zu erhalten.

Wollte man umgekehrt von den Logarithmen der Tafeln zu den Neperschen übergehen, so müßte man die erstern durch die Zahl, welche wir eben gefunden haben, dividiren, oder, was dasselbe ist, sie mit $\frac{1}{\log e} = 2,30258\ 50929\ 94045$ multipliciren. Man bemerke, daß dieses letztere Resultat nichts Anderes als der Nepersche Logarithmus von 10 ist; denn setzt man $\log e = 1$, so findet man $l'10 = m(\sqrt[m]{10} - 1)$, welches gerade das Reziproke des oben gefundenen Werthes von $\log e$ ist

In jedem Systeme gibt man der Zahl $\log e$ den Namen **Modulus**; wir werden sie allgemein mit M bezeichnen, und weil im Neperschen Systeme $M = 1$, so schließen wir daraus $\log a = M\,l'a$, oder $M = \frac{\log a}{l'a}$. Es folgt hieraus, daß man, um den Modulus irgend eines Logarithmen-Systems zu finden, das Verhältniß ausmitteln muß, welches die Logarithmen einer und derselben Zahl, nach dem gegebenen und nach dem Neperschen Systeme berechnet, haben.

Um den Logarithmus von 2 zu berechnen, suchte Briggs den von 1,024, einer Zahl, die der Quotient ist aus 1000 in die zehnte Potenz von 2, weil die Ausziehung der Wurzeln aus der einen ihm leichter vorkam, als aus der andern. Nachdem er 47 Mal nach der Reihe die Quadratwurzel aus 1,024 gezogen, rechnete er mit dem Resultate, so wie mit demjenigen, welches er aus der Zahl 10 erhalten hatte, und kam so zu dem Neperschen Logarithmen von 1,024, den er dann mit dem Modulus multiplizirte, und woraus er nun leicht den Logarithmus von 2 herleitete, indem $1{,}024 = \frac{2^{10}}{1000}$. Ich führe die Auseinandersetzung der Rechnungen von Briggs nicht weiter durch, indem es meine Absicht war, nur eine leise Andeutung derselben zu geben.

§. 28.

Wenn man in der Reihe, welche den Werth von a^x (§. 22.) ausdrückt, statt $l'a$ seinen Werth $\frac{\log a}{M}$ setzt, so verwandelt sie sich in

$$a^x = 1 + \left(\frac{\log a}{M}\right)\frac{x}{1} + \left(\frac{\log a}{M}\right)^2 \frac{x^2}{1.2} + \left(\frac{\log a}{M}\right)^3 \frac{x^3}{1.2.3} + \left(\frac{\log a}{M}\right)^4 \frac{x^4}{1.2.3.4} + \text{ꝛc.}$$

ein Resultat, welches sich auf jedes beliebige Logarithmen-System erstreckt.

Setzt man $x = 1$, so findet man

$$a = 1 + \left(\frac{\log a}{M}\right) + \frac{1}{1.2}\left(\frac{\log a}{M}\right)^2 + \frac{1}{1.2.3}\left(\frac{\log a}{M}\right)^3 + \frac{1}{1.2.3.4}\left(\frac{\log a}{M}\right)^4 + \text{ꝛc.}$$

Diese Reihe gibt den Werth der Zahl a, wenn man ihren Logarithmus, und den Modulus des Systems, dem der Logarithmus angehört, kennt.

§. 29.

Wir wollen nun zu den hauptsächlichsten Umformungen schreiten, die man mit der Reihe, welche log a ausdrückt, vorgenommen hat, um sie konvergenter und also geeigneter zur Berechnung logarithmischer Tabellen zu machen.

Es sey für's Erste $a = 1 + u$; so kommt

$$\log(1+u) = M\left(u - \frac{u^2}{2} + \frac{u^3}{3} - \frac{u^4}{4} + \text{etc.}\right),$$

eine Reihe, welche sehr bequem ist, um die Logarithmen solcher Zahlen, welche wenig von der Einheit verschieden sind, zu berechnen. Wenn $u = 1$, so ist der Gang der Reihe so langsam, daß man eine große Anzahl Glieder berechnen müßte, um zu einem nur etwas genauen Resultate zu gelangen; denn alsdann ist

$$\log(1+1) = \log 2 = M(1 - \tfrac{1}{2} + \tfrac{1}{3} - \tfrac{1}{4} + \text{etc.}),$$

und wenn man $M = 1$ setzt, so kommt $l'2 = 1 - \frac{1}{2} + \frac{1}{3} - \frac{1}{4} + \text{etc.}$

Setzt man $-u$ statt u in dem vorigen Ausdrucke von $\log(1+u)$, so findet man

$$\log(1-u) = M\left(-u - \frac{u^2}{2} - \frac{u^3}{3} - \frac{u^4}{4} - \text{etc.}\right);$$

woraus man herleitet

$$\log(1+u) - \log(1-u) = \log\left(\frac{1+u}{1-u}\right) = 2M\left(u + \frac{u^3}{3} + \frac{u^5}{5} + \text{etc.}\right)$$

eine Reihe, deren Gang rascher ist, als der der erstern Reihe.

Man setze $\frac{1+u}{1-u} = z$; so erhält man

$$u = \frac{z-1}{z+1},$$

und

$$\log z = 2M\left(\left(\frac{z-1}{z+1}\right) + \tfrac{1}{3}\left(\frac{z-1}{z+1}\right)^3 + \tfrac{1}{5}\left(\frac{z-1}{z+1}\right)^5 + \text{etc.}\right).$$

Setzt man, um ein Beispiel zu geben, $z = 2$, so kommt

$$\log 2 = 2M\left(\frac{1}{3} + \frac{1}{3.3^3} + \frac{1}{5.3^5} + \frac{1}{7.3^7} + \text{etc.}\right),$$

eine Reihe, die bei Weitem konvergenter ist, als diejenige, welche wir vorhin erhalten haben.

Drückt man einen jeden der Brüche, woraus sie besteht, in Decimalbrüchen aus, so findet man, wenn man sich auf sieben Decimalstellen beschränkt,

$$\log 2 = 0{,}6931472\,M;$$

und für den Fall, wo $M = 1$ ist, kommt

$$l'2 = 0{,}6931472.$$

Um das dem Briggischen Systeme zugehörige M zu erhalten, reicht es hin, den Neperschen Logarithmus von 10 zu berechnen, und ihn zu vergleichen mit der Einheit, welche den Briggischen Logarithmus derselben Zahl ausdrückt: die vorige Reihe nun liefert, wenn man darin $z = 10$ setzt,

$$l'10 = 2\left(\tfrac{9}{11} + \tfrac{1}{3}\left(\tfrac{9}{11}\right)^3 + \tfrac{1}{5}\left(\tfrac{9}{11}\right)^5 + \text{etc.}\right),$$

eine Reihe, welche noch konvergent ist, aber weniger als die vorige; aus diesem Grunde werde ich einen andern Weg angeben, um schneller zu $l'10$ zu gelangen, nachdem ich einige Bemerkungen über den Ausdruck des $\log z$ gemacht habe.

§. 30.

Man muß für's Erste bemerken, daß die Convergenz dieser Reihe abnimmt, in dem Maße als z wächst, weil der Bruch $\frac{z-1}{z+1}$ sich immer mehr und mehr der Einheit nähert, ein Werth, zu dem man gelangt, wenn man z unendlich groß macht (§. 13). Es folgt daraus, daß die Reihe

$$2\left(1 + \tfrac{1}{3} + \tfrac{1}{5} + \tfrac{1}{7} + \text{etc.}\right)$$

welche man erhält, wenn

$$\frac{z-1}{z+1} = 1 \text{ und } M = 1$$

gesetzt werden, dem Logarithmus einer unendlich großen Zahl entspricht, und folglich einen unendlich großen Werth hat.

Die Reihe $1 + \frac{1}{3} + \frac{1}{5} + \frac{1}{7} + \text{etc.}$ ist nicht die einzige abnehmende Reihe, deren Summe keine Grenze hat: die folgende *)

$$1 + \tfrac{1}{2} + \tfrac{1}{3} + \tfrac{1}{4} + \tfrac{1}{5} + \text{etc.}$$

ist auch in demselben Falle, wie man sich überzeugen kann, indem man darauf Acht hat, daß sie hervorgeht aus

$$\log(1-u) = -M\left(u + \frac{u^2}{2} + \frac{u^3}{3} + \frac{u^4}{4} + \text{etc.}\right),$$

wenn man darin $u = 1$ und $M = 1$ setzt, und daß sie $-l'o$ entspricht; nun weiß man aber, daß der Logarithmus von o das negative Unendliche ist, in denjenigen Systemen, deren Basis die Einheit übersteigt. (Elém. d'Algèbre.)

Man gelangt unmittelbar zu dieser Schlußfolge durch die Reihe, welche $l'(1-u)$ ausdrückt, indem man darin $1-u = \frac{1}{z}$ setzt, woraus folgt

$$u = 1 - \frac{1}{z} = \frac{z-1}{z},$$

*) Man nennt sie harmonische Reihe, weil man davon einigen Gebrauch macht bei Berechnung der Schwingung tönender Saiten.

und

$$l'\frac{1}{z} = -\left(\frac{z-1}{z} + \tfrac{1}{2}\left(\frac{z-1}{z}\right)^2 + \tfrac{1}{3}\left(\frac{z-1}{z}\right)^3 + \tfrac{1}{4}\left(\frac{z-1}{z}\right)^4 + \text{rc.}\right);$$

denn $l'\frac{1}{z}$, da er $-l'z$ ist, wird das negative Unendliche, wenn z unendlich ist; aber alsdann verwandelt sich die Reihe in

$$1 + \tfrac{1}{2} + \tfrac{1}{3} + \tfrac{1}{4} + \text{rc.}:$$

diese letztere hat also keine Grenze.

Eine sehr wichtige Schlußfolge bietet sich hier dar, daß nämlich jede Reihe, deren Glieder schneller abnehmen, als die der Reihe

$$1 + \tfrac{1}{2} + \tfrac{1}{3} + \tfrac{1}{4} + \tfrac{1}{5} + \text{rc.},$$

nothwendig eine Grenze haben müsse; denn da $\log\left(\frac{1}{z}\right)$ eine endliche Größe ist, so lange z nicht unendlich wird, so muß nothwendig die Folge der Brüche

$$\frac{z-1}{z} + \tfrac{1}{2}\left(\frac{z-1}{z}\right)^2 + \tfrac{1}{3}\left(\frac{z-1}{z}\right)^3 + \tfrac{1}{4}\left(\frac{z-1}{z}\right)^4 + \text{rc.},$$

welche eine konvergirende, und der Anwendung des in §. 9. angegebenen Verfahrens fähige Reihe ist, eine Grenze haben, wie nahe auch übrigens der Bruch $\frac{z-1}{z}$ der Einheit komme.

§. 31.

Um zu meinem Gegenstande zurückzukehren, welcher darin besteht, die Logarithmen der Zahlen durch Reihen auszudrücken, die um so konvergenter sind, je größer die Zahlen sind, setze ich für's Erste

$$\frac{1+u}{1-u} = \frac{m}{n}, \text{ woraus } u = \frac{m-n}{m+n},$$

und

$$\log\frac{m}{n} = 2M\left(\frac{m-n}{m+n} + \tfrac{1}{3}\left(\frac{m-n}{m+n}\right)^3 + \tfrac{1}{5}\left(\frac{m-n}{m+n}\right)^5 + \text{rc.}\right);$$

weil aber $\log\frac{m}{n} = \log m - \log n$, so erhält man hieraus

$$\log m - \log n = 2M\left(\frac{m-n}{m+n} + \tfrac{1}{3}\left(\frac{m-n}{m+n}\right)^3 + \tfrac{1}{5}\left(\frac{m-n}{m+n}\right)^5 + \text{rc.}\right),$$

eine Reihe, welche die Beschaffenheit des Ausdrucks für die Differenz zweier Logarithmen vermittelst der Summe und der Differenz der zugehörigen Zahlen darlegt.

Schreibt man $n+z$ statt m, so bekommt das vorige Resultat die Form

$$\log(z+n)=\log n+2M\left(\frac{z}{2n+z}+\tfrac{1}{3}\left(\frac{z}{2n+z}\right)^3+\tfrac{1}{5}\left(\frac{z}{2n+z}\right)^5+\text{rc.}\right)$$

und wenn $z=1$, so wird es

$$\log(n+1)=\log n+2M\left(\frac{1}{2n+1}+\tfrac{1}{3}\,\frac{1}{(2n+1)^3}+\tfrac{1}{5}\,\frac{1}{(2n+1)^5}+\text{rc.}\right),$$

Reihen, welche um so konvergenter sind, je größer n ist. Die zweite liefert mit vieler Leichtigkeit die Logarithmen der aufeinander folgenden Zahlen, und man kann sie mit Nutzen zur Bestimmung des Modulus gebrauchen. Setzt man darin für's Erste $n=1$, so findet man für $\log 2$ denselben Werth wie §. 29; aber da das Doppelte des Logarithmus von 2 den von 4 gibt, so kann man $n=4$ setzen, und alsdann kommt $\frac{1}{2n+1}$ $=\frac{1}{9}$, also

$$l'5=l'4+2\left(\tfrac{1}{9}+\tfrac{1}{3}\,\frac{1}{(9)^3}+\tfrac{1}{5}\,\frac{1}{(9)^5}+\text{rc.}\right),$$

eine sehr konvergente Reihe. Hat man auf diese Weise den Neperschen Logarithmus von 5 berechnet, und addirt dazu den von 2, so erhält man den Neperschen Logarithmus von 10.

Die Reihe

$$\log(n+z)=\log n+2M\left(\frac{z}{2n+z}+\tfrac{1}{3}\left(\frac{z}{2n+z}\right)^3+\tfrac{1}{5}\left(\frac{z}{2n+z}\right)^5+\text{rc.}\right)$$

ist sehr geeignet zur Berechnung des Logarithmus einer Zahl, welche die Grenzen der Tabellen überschreitet.

Gesetzt nämlich, diese Tabellen enthielten nicht die Zahlen über 10000, und man verlangte den Logarithmus von 125283, so muß man diese Zahl in zwei Theile zerlegen, wovon der eine sich in den Tabellen findet, und dieses kann geschehen, indem man sie gleichsetzt $125200+83$, weil der gewöhnliche Logarithmus von 1252 unmittelbar den von 125200 liefert: man setze also $n=125200$, und $z=83$. Die Reihe wird alsdann fortschreiten nach den ungeraden Potenzen von $\frac{83}{250483}$, eines Bruches, der kleiner ist als $\frac{1}{3000}$.

§. 32.

Der Ausdruck von $\log\frac{m}{n}$, welcher von den ungeraden Potenzen von $\frac{m-n}{m+n}$ abhängt, ist die Quelle unzähliger Formeln, welche geeignet sind zur Berechnung eines Logarithmus in immer raschern Annäherungen, vermittelst einiger derjenigen, die ihn vorhergehen. Diese Formeln erhält man, wie man sogleich sehen wird, indem man für m und n Funktionen setzt, die sich in Faktoren zerlegen lassen.

Es sey für's Erste

$$m = x^2,\ n = (x-1)(x+1) = x^2 - 1;$$

so kommt

$$\log\frac{m}{n} = \log\frac{x^2}{x^2-1} = 2\log x - \log(x-1) - \log(x+1),$$

$$\frac{m-n}{m+n} = \frac{1}{2x^2-1}$$

$$2\log x - \log(x-1) - \log(x+1) = 2\log e \left(\frac{1}{2x^2-1} + \frac{1}{3}\frac{1}{(2x^2-1)^3} + \text{ꝛc.}\right);$$

woraus man herleitet

$$\log(x+1) = 2\log x - \log(x-1) - 2\log e \left(\frac{1}{2x^2-1} + \frac{1}{3}\frac{1}{(2x^2-1)^3} + \text{ꝛc.}\right).$$

Diese Formel ist sehr konvergent; denn wenn $x = 1000$, so schreitet sie fort nach den ungeraden Potenzen von $\frac{1}{1999999}$.

Die den Funktionen m und n zu gebende Form war im vorigen Falle leicht zu errathen; der wesentliche Punkt besteht darin, daß die unbestimmte Größe x nicht in den Zähler hineinkommt, damit der Nenner allein um so größer wird, je mehr die Werthe von x zunehmen. Für den dritten Grad nehme man an

$$m = x^3 + px^2 + qx + r,\ n = x^3 + px^2 + qx + r',$$

damit man blos habe $m - n = r - r'$; alsdann muß man die Coeffizienten p, q, r und r' so bestimmen, daß die Größen m und n in kommensurabele Faktoren zerlegt werden können. Delambre hat in der Einleitung, mit welcher er die trigonometrischen Tabellen von Borda bereichert hat, die Funktionen m und n auf die Form gebracht:

$$m = x^3 + px + q,\ n = x^3 + px - q$$

und nimmt in Folge dieser Formen an:

$$m = (x-a)(x-b)(x+a+b)$$
$$n = (x+a)(x+b)(x-a-b),$$

woraus folgt

$$p = -(ab + a^2 + b^2),\ q = a^2b + ab^2$$

$$\frac{m-n}{m+n} = \frac{2q}{2(x^3+px)},\ \log\frac{m}{n} = \log m - \log n$$

$= \log(x-a) + \log(x-b) + \log(x+a+b) - \log(x+a) - \log(x+b) - \log(x-a-b) =$

$$2 \log e \left(\frac{q}{x^3+px} + \frac{1}{3}\left(\frac{q}{x^3+px}\right)^3 + \text{rc.} \right),$$

eine Gleichung, welche den Logarithmus der Zahl $x+a+b$, vermittelst der Logarithmen von fünf vorhergehenden Zahlen erkennen läßt.

Man kann verschiedene Voraussetzungen in Beziehung auf a und b machen; ich will mich nur mit derjenigen befassen, wenn $a=b=1$, welche gibt $p=-3$, $q=2$, und

$$2\log(x-1)+\log(x+2)-2\log(x+1)-\log(x-2)=2\log e \left(\frac{2}{x^3-3x} + \frac{1}{3}\left(\frac{2}{x^3-3x}\right)^3 + \text{rc.} \right),$$

eine sehr einfache Formel, welche den Logarithmus der Zahl $x+2$ vermittelst derjenigen von blos drei vorhergehenden Zahlen liefert. Ich habe an andern Orten (**Complem. des Elém. d'Alg.**) den Gebrauch derselben gezeigt, um rasch die Logarithmen der kleinsten Primzahlen zu erhalten, und Delambre hat in der schon angeführten Einleitung bemerkt, daß man daraus einen noch weit vortheilhaftern Gebrauch machen könne. Diese Formel, welche man Borda verdankt, ist in so fern bemerkenswerth, als sie die Aufmerksamkeit zurück geleitet hat auf alle ihr ähnlichen, die man durchaus nicht zu kennen schien, obgleich sich eine sehr ähnliche in der Abhandlung über die Fluenten von Müller findet, ein Werk, das seit mehr als 60 Jahren herausgekommen war.

Es ist einleuchtend, daß, wenn man für m und n Funktionen nimmt, die den dritten Grad übersteigen, man zu noch konvergentern Formeln gelangen kann, und daß die Wahl dieser Funktionen folgenden Bedingungen unterworfen ist:

Zwei Zahlengleichungen zu finden, welche nur in ihrem letzten Gliede verschieden sind, und deren Wurzeln ganze und kommensurabele Zahlen sind.

Dieses ist der Gegenstand der Untersuchungen von Lavernède, welche in dem Verzeichniß der Arbeiten der Akademie des Gard (Departement) angegeben sind, und von welchen Gergonne, ein ausgezeichneter Professor zu Nismes mir drei sonderbare Resultate mitgetheilt hat, welche ich hier nach der Formel von Haros, der sich auf den vierten Grad bezieht, einflechten will. Diese letztere erhält man, wenn man setzt

$$m = x^2(x-5)(x+5) = x^4 - 25x^2$$
$$n = (x-3)(x+3)(x-4)(x+4) = x^4 - 25x^2 + 144;$$

woraus folgt

$$\frac{m-n}{m+n}=\frac{144}{2x^4-50x^2+144}=\frac{72}{x^4-25x^2+72},$$

$$\left.\begin{array}{l}2\log x+\log(x-5)+\log(x+5)-\log(x-3)-\\ \quad -\log(x+3)-\log(x-4)-\log(x+4)\end{array}\right\}=2\log e\left(\frac{72}{x^4-25x^2+72}+\text{ꝛc.}\right)$$

ein Ausdruck, welcher den Logarithmus von $x+5$ vermittelst der Logarithmen von sechs vorhergehenden Zahlen liefert.

Die erste Formel von Lavernède ist, obgleich blos vom vierten Grade, noch etwas konvergenter, und enthält nur sechs Logarithmen: sie setzt voraus

$$m=x^2(x+5)^2=x^4+10x^3+25x^2$$
$$n=(x-1)(x+2)(x+3)(x+6)=x^4+10x^3+25x^2-36,$$

und führt auf

$$\frac{m-n}{m+n}=\frac{36}{2x^4+20x^3+50x^2-36}=\frac{18}{x^4+10x^3+25x^2-18},$$

$$\left.\begin{array}{l}2\log x+2\log(x+5)-\log(x-1)-\log(x+2)-\\ \quad -\log(x+3)-\log(x+6)\end{array}\right\}=2\log e\left(\frac{18}{x^4+10x^3+25x^2-18}+\text{ꝛc.}\right),$$

woraus man $\log(x+6)$ herleiten kann vermittelst der Logarithmen von fünf vorhergehenden Zahlen.

Die zweite Formel von Lavernède folgt aus folgenden Voraussetzungen:

$$m=(x+2)(x+4)(x+10)(x-7)(x-9)=x^5-125x^3+3004x+5040,$$
$$n=(x-2)(x-4)(x-10)(x+7)(x+9)=x^5-125x^3+3004x-5040,$$

welche geben,

$$\frac{m-n}{m+n}=\frac{5040}{x^5-125x^3+3004x},$$

$$\left.\begin{array}{l}\log(x+2)+\log(x+4)+\log(x+10)+\log(x-7)\\ +\log(x-9)-\log(x-2)-\log(x-4)-\log(x-10)\\ +\log(x+7)-\log(x+9)\end{array}\right\}=$$

$$2=\log e\left(\frac{5040}{x^5-125x^3+3040x}+\text{ꝛc.}\right),$$

und den Logarithmus von $(x+10)$ vermittelst der Logarithmen von 9 vorhergehenden Zahlen.

Die dritte Formel ist vom sechsten Grade, und entspricht

$$m = x^2(x-7)^2(x+7)^2 \qquad = x^6 - 98x^4 + 2401x^2,$$
$$n = (x-3)(x+3)(x-5)(x+5)(x-8)(x+8)$$
$$= x^6 - 98x^4 + 2401x^2 - 14400,$$

woraus folgt

$$\frac{m-n}{m+n} = \frac{7200}{x^6 - 98x^4 + 2401x^2 - 7200},$$

$$\left.\begin{array}{l} 2\log x + 2\log(x-7) + 2\log(x+7) \\ -\log(x-3) - \log(x+3) - \log(x-5) \\ -\log(x+5) - \log(x-8) - \log(x+8) \end{array}\right\} =$$
$$= 2\log e\left(\frac{7200}{x^6 - 98x^4 + 2401x^2 - 200} + \text{ꝛc.}\right).$$

Diese letztere Formel ist bemerkenswerth, in so fern, als das erste Glied der Reihe, wenn die Zahl x etwas groß ist, von einer solchen Kleinheit wird, daß man es nicht in Rechnung zu bringen braucht, die Reihe also außer Acht lassen, und durch bloße Additionen und Subtraktionen den Logarithmus von $(x+8)$ durch die Logarithmen von 8 vorhergehenden Zahlen bestimmen kann. Denn der Bruch $\frac{7200}{x^6 - 98x^4 + 2401x^2 - 7200}$ ist kleiner als 0,00000001, wenn $x = 100$, und kleiner als 0,00000000000001, wenn $x = 1000$.

Wie schnell indessen auch diese Annäherung seyn möge, die Analysten würden vielleicht, wenn es sich um Berechnung von Tabellen handelte, eine noch bequemere auffinden, indem sie sich der Methode der successiven Differenzen bedienten, wovon im dritten Theile dieses Werkes die Rede seyn wird.

§. 33.

Unter den verschiedenen bisher vorgebrachten Entwickelungen für die Logarithmen findet sich keine, welche nach den Potenzen der Zahl fortschreitet; und man hat wirklich keinen Ausdruck von der Form:

$$\log u = A + Bu + Cu^2 + Du^3 + \text{ꝛc.}:$$

der Grund ist leicht einzusehen. Wenn $u = o$, so wird $\log u$ das negative Unendliche, welchen Werth weder die vorige Reihe, noch irgend eine andere, die nur positive Potenzen von u enthält, liefern kann; man kann eben so wenig setzen:

$$\log u = A + \frac{B}{u} + \frac{C}{u^2} + \frac{D}{u^3} + \text{ꝛc.},$$

weil eine solche Entwickelung, da sie für den Fall, daß u unendlich ist, einen endlichen Werth hat, mit $\log u$ nicht übereinstimmen kann. Es ist indessen möglich, eine Entwickelung zu finden, welche obigen beiden Bedingungen Genüge leistet; sie kann zwar wirklich in keinem Falle auf eine bequeme Weise den Werth von $\log u$ ausdrücken, aber da sie durch ihre Form bemerkenswerth ist, und zu interessanten Analogien zwischen den logarithmischen- und Kreis-Funktionen führt, so will ich sie nicht mit Stillschweigen übergehen.

Man hat

$$\log(1+u) = M\left(u - \frac{u^2}{2} + \frac{u^3}{3} - \frac{u^4}{4} + \frac{u^5}{5} - \text{rc.}\right),$$

$$\log\left(1+\frac{1}{u}\right) = M\left(\frac{1}{u} - \frac{1}{2u^2} + \frac{1}{3u^3} - \frac{1}{4u^4} + \frac{1}{5u^5} - \text{rc.}\right);$$

zieht man die zweite Reihe von der ersten ab, so findet man, da

$$\log\left(1+\frac{1}{u}\right) = \log(1+u) - \log u,$$

$$\log(1+u) - \log\left(1+\frac{1}{u}\right) = \log u = M\left(\left(u - \frac{1}{u}\right) - \tfrac{1}{2}\left(u^2 - \frac{1}{u^2}\right)\right.$$

$$\left. + \tfrac{1}{3}\left(u^3 - \frac{1}{u^3}\right) - \text{rc.}\right),$$

oder $\log u = M((u-u^{-1}) - \frac{1}{2}(u^2 - u^{-2}) + \frac{1}{3}(u^3 - u^{-3}) - \text{rc.})$.

§. 34.

Obgleich die Art und Weise, wie wir zur Entwickelung von $\log a$ (§. 25.) gelangt sind, sehr strenge ist, und Nichts zu wünschen zu lassen scheint, so wird man vielleicht dennoch gerne sehen, wie die Umformung, welche uns bis jetzt zur Entwickelung der Funktionen geführt hat, auf die logarithmische Funktion in Anwendung gebracht werden kann.

Nach dem im vorigen §. Gesagten müssen wir für die Entwickelung des Logarithmus eine Form annehmen, welche sich auf Null reduzirt, wenn die zugehörige Zahl der Einheit gleich wird: nun leistet aber jede ganze und rationale Funktion von $z-1$ dieser Bedingung Genüge: man kann also setzen:

$$\log z = A_1(z-1) + A_2(z-1)^2 + A_3(z-1)^3 + \text{rc.}$$

Um die Reihe zu vereinfachen, machen wir $z-1=x$, also $z=1+x$, und folglich $\log(1+x) = A_1x + A_2x^2 + A_3x^3 + \text{rc.}$ Nimmt man, wie gewöhnlich, an, daß x sich in $x+u$ verwandelt, so kommt

$$\log(1+x+u) = A_1(x+u) + A_2(x+u)^2 + A_3(x+u)^3 + \text{rc.};$$

aber indem man $1+x=p$ setzt, wird $\log(1+x+u)=\log(p+u)$, und da $p+u=p\left(1+\frac{u}{p}\right)$, so hat man $\log(1+x+u)$ $=\log\left(1+\frac{u}{p}\right)+\log p$, und, gemäß der Voraussetzung

$$\log\left(1+\frac{u}{p}\right)=A_1\frac{u}{p}+A_2\frac{u^2}{p^2}+A_3\frac{u^3}{p^3}+\text{etc.}$$

also

$$\log(1+x+u)=\log p+A_1\frac{u}{p}+A_2\frac{u^2}{p^2}+A_3\frac{u^3}{p^3}+\text{etc.}$$

Vergleicht man untereinander die beiden Werthe von $\log(1+x+u)$, welche identisch seyn müssen, welches auch der Werth von u sey, so findet man, wenn man sich auf beiden Seiten nur auf diejenigen Glieder beschränkt, welche die erste Potenz von u multipliziren,

$$A_1+2A_2x+3A_3x^2+\text{etc.}=\frac{A_1}{p};$$

setzt man statt p wiederum seinen Werth, so kommt

$$(A_1+2A_2x+3A_3x^2+\text{etc.})(1+x)=A_1.$$

Vollzieht man die angezeigte Multiplikation, und bestimmt einzeln die Coeffizienten einer jeden Potenz von x, so erhält man

$$\left.\begin{array}{l} A_1=A_1 \\ 2A_2+A_1=0 \\ 3A_3+2A_2=0 \\ 4A_4+3A_3=0 \\ \text{etc.} \end{array}\right\} \text{woraus folgt} \left\{\begin{array}{l} A_1=A_1 \\ A_2=-\frac{A_1}{2} \\ A_3=\frac{A_1}{3} \\ A_4=-\frac{A_1}{4} \\ \text{etc.} \end{array}\right.$$

Resultate, welche sehr übereinstimmend sind mit den schon gefundenen, und bei welchen man sich merken muß, daß der erste Coeffizient A_1 unbestimmt bleibt, weil er die Stelle des Modulus vertritt.

Es bleibt noch zu beweisen übrig, daß alle die Gleichungen, welche man aus der Vergleichung der mit u^2 und den höhern Potenzen von u affizirten Glieder erhalten würde, identisch sind. Zu diesem Behufe nehme ich die Gleichung

$$\log(1+x+u)=A_1(x+u)+A_2(x+u)^2+\ldots+A_n(x+u)^n+A_{n+1}(x+u)^{n+1}+\text{etc.}$$

wieder auf.

Es ist leicht einzusehen, daß der Coeffizient von u^n in der Entwickelung der zweiten Seite dieser Gleichung seyn wird:

$$A_n + (n+1)A_{n+1}x + \frac{(n+2)(n+1)}{2}A_{n+2}x^2 + \frac{(n+3)(n+2)(n+1)}{2.3}A_{n+3}x^3 + \text{rc.};$$

und nach dem vorhin aufgefundenen Gesetze hat man

$$\begin{aligned}(n+1)A_{n+1} \quad &+ nA_n = 0\\ (n+2)A_{n+2} + (n+1)&A_{n+1} = 0\\ \text{rc.}&\end{aligned}$$

woraus folgt $\begin{cases} A_{n+1} = -\dfrac{nA_n}{n+1} \\ A_{n+2} = \quad \dfrac{nA_n}{n+2} \\ A_{n+3} = -\dfrac{nA_n}{n+3} \\ \text{rc.} \end{cases}$

Substituirt man diese Werthe, so kommt

$$A_n\left(1 - nx + \frac{n(n+1)}{2}x^2 - \frac{n(n+1)(n+2)}{2.3}x^3 + \text{rc.}\right)$$

eine Reihe, welche nichts Anderes ist als die Entwickelung von $A_n(1+x)^{-n}$; aber der Coeffizient von u^n in die Gleichung

$$\log\left(1+\frac{u}{p}\right) = A_1\frac{u}{p} + A_2\frac{u^2}{p^2} + \ldots + A_n\frac{u^n}{p^n} + \text{rc},$$

ist $\dfrac{A^n}{p^n} = \dfrac{A_n}{(1+x)^n} = A_n(1+x)^{-n}$, ein Resultat, welches mit dem vorigen identisch ist.

§. 35.

Wir sind jetzt im Stande, zu beweisen, daß, wie wir §. 16. angegeben haben, selbst wenn der Exponent n irrational oder imaginär ist, die beiden ersten Glieder der Entwickelung von $(1+x)^n$ immerhin $1+nx$ sind.

Denn gesetzt $(1+x)^n$ sey entwickelt in die Reihe $1+Ax+Bx^2$ rc., und man macht, der Abkürzung wegen, $Ax+Bx^2+$ rc. $= px$, so wird $\log((1+x)^n) = \log(1+px)$ seyn; aber $\log((1+x)^n) = n\log(1+x)$: also $\log(1+px) = n\log(1+x)$, oder entwickelt

$$px - \frac{p^2x^2}{2} + \frac{p^3x^3}{3} - \text{rc.} = nx - \frac{nx^2}{2} + \frac{nx^3}{3} - \text{rc.};$$

und da diese Gleichung unabhängig von x stattfinden muß, so erhält man, indem für p sein Werth gesetzt wird, und man sich blos auf die mit der ersten Potenz von x behafteten Glieder beschränkt, $A = n$.

Es ist leicht zu ersehen, daß diese Demonstration durchaus unabhängig von der Natur der Zahl n ist, und daß sie keinen fehlerhaften Kreisschluß in sich erhält, wenn man sich erinnert, daß wir in der Aufsuchung der Entwickelung von $\log(1+x)$ nur auf ganze Potenzen des Binoms gestoßen sind.

§. 36.

Die Betrachtung der Grenzen führt ebenfalls sehr gut zu der Entwickelung der Exponential- und logarithmischen Funktionen: dieses will ich jetzt zeigen, und mit letztern beginnen.

Die elementarste Methode zur Berechnung der Logarithmen besteht in der Ausziehung einer Wurzel aus der Basis von einem sehr hohen Grade, und die, da sie sehr nahe der Einheit kommt, den Exponenten einer Quotientenprogression bildet, deren Glieder in hinlänglich kleinen Differenzen wachsen, um daraus, wenigstens auf eine hinreichend annähernde Weise, die Zahl zu bestimmen, deren Logarithmus man sucht. Diese Zahl ist alsdann durch eine Bruchpotenz der Basis ausgedrückt, und der Exponent dieser Potenz ist der gesuchte Logarithmus. Um mit Sicherheit die Formel des Binoms zur Ausziehung der Wurzel aus der Basis gebrauchen zu können, muß man annehmen, daß diese Basis wenig verschieden von der Einheit ist, welches immer erlaubt ist, weil, wenn man die Logarithmen in einem bestimmten Systeme kennt, dieselben in jedem andern leicht gefunden werden können. (Elém. d'Algèbre.)

Es sey also $1+\beta$ diese Basis, so ist

$$(1+\beta)^{\frac{1}{m}} = 1 + \frac{1}{m}\beta + \frac{\frac{1}{m}\left(\frac{1}{m}-1\right)}{2}\beta^2 + \frac{\frac{1}{m}\left(\frac{1}{m}-1\right)\left(\frac{1}{m}-2\right)}{2.3}\beta^3 + \text{rc.},$$

eine Reihe, die immer konvergent ist, wenn $m > 1$ und $\beta < 1$ (§. 9.) Schreibt man sie folgender Maßen:

$$1 + \frac{1}{m}\left(\beta + \frac{\left(\frac{1}{m}-1\right)}{2}\beta^2 + \frac{\left(\frac{1}{m}-1\right)\left(\frac{1}{m}-2\right)}{2.3}\beta^3 + \text{rc.}\right),$$

so sieht man, daß

$$(1+\beta)^{\frac{1}{m}} = 1 + \frac{k}{m},$$

wo k die Reihe zwischen den Parenthesen bezeichnet, und deren Grenze für einen unendlichen Werth von m (§. 13.) ist.

$$\beta - \frac{\beta^2}{2} + \frac{\beta^3}{3} - \text{rc.}$$

Bezeichnet man nun, nach dieser Festsetzung, mit a irgend eine Zahl, mit A ihren Logarithmus, und setzt man $A = \frac{n}{m}$, so erhält man hieraus für's Erste

$$a = (1+\beta)^A = (1+\beta)^{\frac{n}{m}} = \left(1 + \frac{k}{m}\right)^n,$$

ferner

$$1 + \frac{k}{m} = a^{\frac{1}{n}}, \ \frac{k}{m} = a^{\frac{1}{n}} - 1, \text{ oder } \frac{kA}{n} = a^{\frac{1}{n}} - 1, \text{ weil } m = \frac{n}{A}:$$

man erhält also $A = \frac{n}{k}\left(a^{\frac{1}{n}} - 1\right)$; und wenn man $a = 1 + u$ setzt, und $(1+u)^{\frac{1}{n}}$ mittelst der binomischen Formel entwickelt, so erhält man:

$$(1+u)^{\frac{1}{n}} - 1 = \frac{1}{n}\left(u + \frac{\left(\frac{1}{n} - 1\right)}{2} u^2 + \frac{\left(\frac{1}{n} - 1\right)\left(\frac{1}{n} - 2\right)}{2.3} u^3 + \frac{\left(\frac{1}{n} - 1\right)\left(\frac{1}{n} - 2\right)\left(\frac{1}{n} - 3\right)}{2.3.4} u^4 + \text{rc.}\right),$$

woraus folgt

$$A = \frac{1}{k}\left(u - \frac{\left(1 - \frac{1}{n}\right)}{2} u^2 + \frac{\left(1 - \frac{1}{n}\right)\left(2 - \frac{1}{n}\right)}{2.3} u^3 - \frac{\left(1 - \frac{1}{n}\right)\left(2 - \frac{1}{n}\right)\left(3 - \frac{1}{n}\right)}{2.3.4} u^4 + \text{rc.}\right).$$

Je größer man aber m nimmt, desto größer muß auch n genommen werden, weil A, welches $\frac{n}{m}$ ist, dasselbe bleibt, so lange a und β sich nicht ändern; die Grenze des Wachsthums von n entspricht also der des Wachsthums von m, und bei diesem letztern Umstande reduzirt sich K auf die Reihe $\beta - \frac{\beta^2}{2} + \text{rc.}$, die ich, der Abkürzung wegen, mit K' bezeichne. Setzt man nun n unendlich groß, so kommt

$$A = \frac{1}{K'}\left(u - \frac{u^2}{2} + \frac{u^3}{3} - \frac{u^4}{4} + \text{rc.}\right).$$

Dies ist der Ausdruck des Logarithmus von a oder von $(1+u)$, befreit von den willkührlichen Zahlen m und n: er bezieht sich nur noch auf das System, dessen Basis $1+\beta$ ist; aber für irgend eine Basis α wird der gesuchte Logarithmus seyn $\frac{K}{L\alpha}$ (Elém. d'Alg.), wo L das zum ersten Systeme gehörige spezielle Symbol bezeichnet: man hat also im zweiten Systeme, indem man $\frac{1}{K'L\alpha}=M$ setzt,

$$\log(1+u)=M\left(u-\frac{u^2}{2}+\frac{u^3}{3}-\frac{u^4}{4}+\text{etc.}\right),$$

ein Resultat, welches denjenigen konform ist, das wir auf einem ganz andern Wege gefunden haben.

Die umgekehrte Aufgabe, bei welcher es sich darum handelt, die Zahl durch ihren Logarithmus auszudrücken, wird aufgelößt, wenn man die Gleichung $A=\frac{n}{K}\left(a^{\frac{1}{n}}-1\right)$ umkehrt, welches gibt $a=\left(1+\frac{KA}{n}\right)^n$. Entwickelt man die angezeigte Potenz, so findet man

$$a=1+\frac{nKA}{n}+\frac{n(n-1)K^2A^2}{2.n^2}+\frac{n(n-1)(n-2)K^3A^3}{2.3.n^3}+\text{etc.};$$

nimmt man die zum Wachsthume von n gehörige Grenze, d. h. nimmt man an, daß jedes der Produkte n, n(—1), n(n—1) (n—2), etc. sich auf sein erstes Glied n^2, n^3, etc. reduzire, und verwandelt K in K', so erhält man

$$a=1+\frac{K'A}{1}+\frac{K'^2A^2}{1.2}+\frac{K'^3A^3}{1.2.3}+\frac{K'^4A^4}{1.2.3.4}+\text{etc.}$$

Weil aber in dem Systeme, dessen Basis α ist, $\log a=\frac{A}{L\alpha}$, so folgt, daß $A=L\alpha.\log a$, $K'A=K'L\alpha.\log a=\frac{\log a}{M}$, weil $M=\frac{1}{K'L\alpha}$; setzt man diesen Werth von K'A in die vorige Reihe, so kommt

$$a=1+\left(\frac{\log a}{M}\right)+\frac{1}{1.2}\left(\frac{\log a}{M}\right)^2+\frac{1}{1.2.3}\left(\frac{\log a}{M}\right)^3+\frac{1}{1.2.3.4}\left(\frac{\log a}{M}\right)^4+\text{etc.}$$

wie in §. 28.

Um M zu bestimmen, reicht es hin, die Zahl zu ermitteln, deren Logarithmus M ist. Bezeichnet man sie mit e, und macht $a = e$, $\log a = \log e = M$, so erhält man

$$e = 1 + \frac{1}{1} + \frac{1}{1.2} + \frac{1}{1.2.3} + \text{rc.}$$

eben so wie in §. 22.

Endlich kann man von der Entwickelung von a zu der von a^x übergehen, wenn man für $\log a$ den Logarithmus von a^x setzt, welcher $x \log a$ ist; man erhält alsdann, gerade wie in §. 22.

$$a^x = 1 + \left(\frac{\log a}{\log e}\right)\frac{x}{1} + \left(\frac{\log a}{\log e}\right)^2 \frac{x^2}{1.2} + \left(\frac{\log a}{\log e}\right)^3 \frac{x^3}{1.2.3} + \text{rc.}\ ^{*})$$

---

*) Es ist vielleicht nicht unzweckmäßig, in einem Werke gegenwärtiger Art dasjenige zu erklären, was Côtes darunter verstand, wenn er die Logarithmen das Maaß der Exponenten oder der Verhältnisse nannte, eine Benennung, auf welche man noch mitunter in englischen Werken stößt. Sie ist hergeleitet aus einem Sprachgebrauche der alten Geometer, welche das Produkt eines Verhältnisses, welches ein- oder mehrere Mal mit sich selbst multiplizirt wird, doppeltes Verhältniß, dreifaches Verhältniß, rc. nannten, und auf diese Weise durch den Exponenten des einfachen Verhältnisses diese Art zusammengesetzter Verhältnisse maßen. Hat man nämlich darauf Acht, daß irgend eine Zahl nichts Anders ist, als das Verhältniß zwischen der Größe, die sie ausdrückt, und der Einheit, so zerlegt die Gleichung $a = \left(1 + \frac{K}{m}\right)^n$ die Zahl a, oder das Verhältniß $\frac{a}{1}$ in eine Anzahl von n Verhältnissen, deren jedes $\frac{1 + \frac{K}{m}}{1}$ ist. Für eine andere Zahl a' hätte man auf dieselbe Weise $a' = \left(1 + \frac{K}{m}\right)^{n'}$; das Verhältniß $\frac{a'}{a}$ würde ausgedrückt durch $\left(1 + \frac{K}{m}\right)^{n'-n}$, und also verglichen mit dem einfachen Verhältnisse $1 + \frac{K}{m}$. Die Exponenten n, n' und $n' - n$ bezeichnen also den respektiven Grad der Multiplikation der Verhältnisse $\frac{a}{1}$, $\frac{a'}{1}$, $\frac{a'}{a}$; aber da A, A' und $A' - A$ die Logarithmen der Zahlen a, a' und $\frac{a'}{a}$ bezeichnen, so hat man

$$A = \frac{n}{m},\ A' = \frac{n'}{m},\ A' - A = \frac{n' - n}{m}:$$

diese Logarithmen sind also proportional den Zahlen n, n', $n' - n$,

Kreis=Funktionen.

§. 37.

Die Trigonometrie hat uns eine Art Funktionen kennen gelehrt, welche nicht weniger bedeutungsvoll sind, als diejenigen, womit wir uns so eben beschäftigt haben; dies sind die Sinus und Cosinus der Kreisbogen. Ich werde jetzt zeigen, daß man sie nicht nur in Reihen entwickeln, sondern sogar ihre bedeutendsten Eigenthümlichkeiten auffinden kann, indem man von den Formeln ausgeht, die fast in allen Elementarbüchern zur Berechnung der Sinus und Cosinus der Summe und der Differenz zweier Bogen enthalten sind.

Ich beginne mit der Aufsuchung des $\cos x$, und ich nehme an, daß x in $x+u$ und in $x-u$ übergeht; die angeführten Formeln geben in diesen beiden Fällen:

$$\cos(x+u) = \cos x \cos u - \sin x \sin u \; ^{*)}$$

---

welche die respektiven Grade der Multiplikation der Verhältnisse $\frac{a}{1}, \frac{a'}{1}, \frac{a'}{a}$ ausdrücken.

Nimmt man z. B. die gewöhnlichen Logarithmen der Zahlen 2 und 3, so findet man

$$\frac{n}{m} = \frac{3010300}{10000000}, \; \frac{n'}{m} = \frac{4771213}{10000000};$$

woraus sich ergibt

$$\frac{2}{1} = \left((10)^{\frac{1}{10000000}}\right)^{3010300}, \; \frac{3}{1} = \left((10)^{\frac{1}{10000000}}\right)^{4771213}$$

Mit dem Verhältnisse $(10)^{\frac{1}{10000000}}$ werden also die zusammengesetzten Verhältnisse $\frac{2}{1}$ und $\frac{3}{1}$ verglichen. Sie sind hiermit nur annäherungsweise gemessen, denn wie wenig auch die Zahl $(10)^{\frac{1}{10000000}}$ von der Einheit verschieden ist, so existirt doch immer ein Intervall zwischen jeder ihrer verschiedenen Potenzen; aber dieses Intervall wird ohne Aufhören kleiner, je größer der Grad der aus der Basis ausgezogenen Wurzel, d. h. die Zahl m, wird; und mithin stimmt die Grenze der allgemeinen Gleichung $a = \left(1 + \frac{K}{m}\right)^n$ vollkommen mit dem durch die Zahl K' charakterisirten Logarithmensysteme überein. Der umgekehrte Werth $\frac{1}{K'}$, oder M, wird von Côtes der Modular=Exponent genannt.

*) In Allem nun Folgenden nehme ich den Radius gleich der Einheit

$$\cos(x-u) = \cos x \cos u + \sin x \sin u.$$

Addirt man diese beiden Gleichungen, so kommt

$$\cos(x+u) + \cos(x-u) = 2 \cos x \cos u.$$

Es sey nun

$$\cos x = A_0 + A_1 x + A_2 x^2 + A_3 x^3 + A_4 x^4 + \text{etc.}$$

so hat man $\cos u = A_0 + A_1 u + A_2 u^2 + A_3 u^3 + A_4 u^4 + \text{etc.}$

$$\cos(x+u) = A_0 + A_1 (x+u) + A_2 (x+u)^2 + A_3 (x+u)^3 + A_4 (x+u)^4 + \text{etc.}$$

$$\cos(x-u) = A_0 + A_1 (x-u) + A_2 (x-u)^2 + A_3 (x-u)^3 + A_4 (x-u)^4 + \text{etc.}$$

Setzt man diese Reihen in die Gleichung

$$\cos(x+u) + \cos(x-u) = 2 \cos x \cos u,$$

so werden alle Glieder, welche mit ungeraden Potenzen von u behaftet sind, in der Entwickelung der ersten Seite verschwinden; es ist also unnöthig, sie in die zweite Seite aufzunehmen, und folglich kann man, ohne der Allgemeinheit der gemachten Voraussetzungen zu schaden, A_1, A_3, A_5, etc. gleich Null setzen, wodurch sich der Ausdruck für $\cos x$ so verwandelt, daß er nur gerade Potenzen von x enthölt. Es folgt hieraus, daß $\cos x$ sich nicht ändert, wenn man $-x$ statt x schreibt; übrigens ist dieses auch leicht a priori zu erkennen, 1) durch die Gleichungen, wovon wir ausgegangen sind, in welchen $\cos u$ derselbe bleibt, obgleich der Bogen u in der ersten positiv, in der zweiten negativ ist; 2) wenn man Rücksicht darauf nimmt, daß der Cosinus eines Bogens sich nicht ändert, man mag diesen Bogen oberhalb oder unterhalb des Diameters nehmen.

Man erhält also

$$\begin{cases} \cos x = A_0 + A_2 x^2 + A_4 x^4 + A_6 x^6 + \text{etc.} \\ \cos u = A_0 + A_2 u^2 + A_4 u^4 + A_6 u^6 + \text{etc.} \\ \cos(x+u) = A_0 + A_2 (x+u)^2 + A_4 (x+u)^4 + A_6 (x+u)^6 + \text{etc.} \\ \cos(x-u) = A_0 + A_2 (x-u)^2 + A_4 (x-u)^4 + A_6 (x-u)^6 + \text{etc.} \end{cases}$$

und die Gleichung $\cos(x+u) + \cos(x-u) = 2 \cos x \cos u$ liefert, wenn man beide Seiten durch 2 dividirt

---

an: wollte man ihm einen andern Werth geben, so würde es hinreichen, denjenigen Buchstaben einzuführen, welcher ihn bezeichnet, und zwar auf die Weise, daß man die in der ersten Annahme gefundenen Formeln homogen macht.

$$\left.\begin{array}{l} A_0+A_2x^2+\ A_4x^4\ +\ A_6x^6\ +\ldots+\ .\quad A_nx^n\quad +\text{rc.}\\ +A_2u^2+6A_4u^2x^2+15A_6u^2x^4+\ldots+\frac{n(n-1)}{2}A_nu^2x^{n-2}+\text{rc.}\\ +\ A_4u^4\ \ +15A_6u^4x^2+\ldots\ldots\ldots\ldots+\text{rc.}\\ +\ \ A_6u^6\ +\ldots\ldots\ldots\ldots+\text{rc.} \end{array}\right\}$$

$$=\left\{\begin{array}{l} A_0^2+A_0A_2x^2+A_0A_4x^4\ \ +A_0A_6x^6\ +\ldots+A_0A_nx^n\qquad +\text{rc.}\\ +A_2A_0u^2+A_2A_2u^2x^2+A_2A_4u^2x^4+\ldots+A_2A_{n-2}u^2x^{n-2}+\text{rc.}\\ +A_4A_0u^4\ +A_4A_2u^4x^2+\ldots\ldots\ldots\ldots+\text{rc.}\\ +A_6A_0u^6\ +\ldots\ldots\ldots\ldots+\text{rc.} \end{array}\right.$$

Vergleicht man die Glieder, welche mit denselben Potenzen von x und u behaftet sind, so hat man für's Erste $A_0=A_0^2$ oder $A_0=1$, ein Werth, welcher die erste Zeile der ersten Seite identisch macht mit der ersten der zweiten Seite; geht man nun zu den zweiten Zeilen, so findet man

$$\left.\begin{array}{l} A_2=A_2\\ 6A_4=A_2A_2\\ 15A_6=A_2A_4\\ \ldots\ldots\\ \frac{n(n-1)}{2}A_n=A_2A_{n-2} \end{array}\right\}\text{woraus folgt}\left\{\begin{array}{l} A_2=A_2\\ A_4=\frac{2A_2^2}{3.4}\\ A_6=\frac{4A_2^3}{3.4.5.6}\\ \ldots\ldots\\ A_n=\frac{2^{\frac{n}{2}-1}A_2^{\frac{n}{2}}}{3.4.5\ldots n} \end{array}\right.$$

Alle Coeffizienten sind nun bestimmt, mit Ausnahme von A_2, und den Gleichungen, welche aus der Vergleichung der andern Zeilen resultiren, wird Genüge geleistet durch die vorhergehenden Werthe. Man kann nämlich dem Ausdrucke des Coeffizienten A_n folgende Form geben

$$A_n=\frac{2^{\frac{n}{2}}A_2^{\frac{n}{2}}}{2.3\ldots n},$$

indem man seinen Zähler und Nenner mit 2 multiplizirt; und hieraus leitet man leicht her:

$$A_{m+n}=\frac{2^{\frac{m+n}{2}}A_2^{\frac{m+n}{2}}}{(2.3\ldots.m+n)}.$$

$$A_mA_n=\frac{2^{\frac{m+n}{2}}A_2^{\frac{m+n}{2}}}{2.3\ldots m\times 2.3\ldots n};$$

aber das Produkt u^mx^n hat, da es einen Theil der Entwickelung von $(x+u)^{m+n}$ auf der ersten Seite ausmacht, zum Coeffizienten

$$\frac{(m+n)(m+n-1)\ldots\ldots(m+1)}{1.2\ldots\ldots n}A_{m+n},$$

oder, wenn man für A_{m+n} seinen Werth setzt, und die gemeinschaftlichen Faktoren im Zähler und Nenner gegen einander aufhebt,

$$\frac{2^{\frac{m+n}{2}} A_2^{\frac{m+n}{2}}}{1.2.3\ldots m\times 1.2.3\ldots n},$$

ein Resultat, welches genau derselbe Werth ist, den wir weiter oben für $A_m A_n$, den Coeffizienten von $u^m x^n$ auf der zweiten Seite, gefunden haben.

Es ist also nun strenge bewiesen, daß

$$\cos x = 1 + \frac{2A_2 x^2}{1.2} + \frac{2^2 A_2{}^2 x^4}{1.2.3.4} + \frac{2^3 A_2{}^3 x^6}{1.2.3.4.5.6} + \text{etc.}$$

§. 38.

Man kann auf eine ähnliche Weise den Ausdruck des Sinus finden; denn zieht man die Gleichungen

$$\cos(x+u) = \cos x \cos u - \sin x \sin u$$
$$\cos(x-u) = \cos x \cos u + \sin x \sin u$$

von einander ab, so erhält man

$$\cos(x+u) - \cos(x-u) = -2\sin x \sin u.$$

Setzt man statt $\cos(x+u)$ und $\cos(x-u)$ die im vorigen §. hergeleiteten Werthe, so sieht man, daß alle Glieder, welche mit geraden Potenzen von u behaftet sind, sich wechselseitig vernichten. Es folgt hieraus, daß sie in den Ausdruck für den Sinus nicht eingehen können; und man erkennt dieses übrigens auch aus andern Gründen, weil der Sinus das Zeichen ändert ohne seinen Werth zu ändern, wenn man den nämlichen Bogen negativ nimmt, d. h. auf der andern Seite des Diameters, eine Eigenthümlichkeit, welche nur den ungeraden Potenzen angehören kann.

Man kann also setzen

$$\sin x = B_1 x + B_3 x^3 + B_5 x^5 + B_7 x^7 + \text{etc.}$$
$$\sin u = B_1 u + B_3 u^3 + B_5 u^5 + B_7 u^7 + \text{etc.};$$

mit Hülfe dieser Werthe, und der Reduktionen, die sich von selbst darbieten, wird die Gleichung

$$\cos(x+u) - \cos(x-u) = -2\sin x \sin u$$

sich verwandeln in

$$\left.\begin{array}{l} 2A_2ux+4A_4ux^3+6A_6ux^5+\ldots+nA_nux^{n-1}+\text{etc.} \\ \quad +4A_4u^3x+20A_6u^3x^3+\ldots\ldots+\text{etc.} \\ \quad\quad +6A_6u^5x+\ldots\ldots+\text{etc.} \end{array}\right\}$$

$$=-\left\{\begin{array}{l} B_1B_1ux+B_1B_3ux^3+B_1B_5ux^5+\ldots+B_1B_{n-1}ux^{n-1}+\text{etc.} \\ \quad +B_3B_1u^3x+B_3B_3u^3x^3+\ldots+B_3B_{n-3}u^3x^{n-3}+\text{etc.} \\ \quad\quad +B_5B_1u^5x+\ldots\ldots+\text{etc.} \end{array}\right.$$

Die erste Zeile der ersten Seite, Glied für Glied verglichen mit der zweiten Seite, gibt

$$\left.\begin{array}{l} B_1B_1 = -2A_2 \\ B_1B_3 = -4A_4 \\ B_1B_5 = -6A_6 \\ \ldots\ldots\ldots \\ B_1B_{n-1} = -nA_n \end{array}\right\} \text{und folglich} \left\{\begin{array}{l} B_1 = -\frac{2A_2}{B_1} \\ B_3 = -\frac{4A_4}{B_1} \\ B_5 = -\frac{6A_6}{B_1} \\ \ldots\ldots\ldots \\ B_{n-1} = -\frac{nA_n}{B_1}. \end{array}\right.$$

Die andern Zeilen können nichts Anderes als identische Gleichungen liefern; denn das Produkt u^mx^n hat auf der ersten Seite zum Coeffizienten, nach dem vorigen §.,

$$\frac{2^{\frac{m+n}{2}} A_2^{\frac{m+n}{2}}}{1.2.3\ldots m \times 1.2.3\ldots n}$$

und auf der zweiten Seite wird es multiplizirt seyn mit $-B_mB_n = -\frac{(m+1)(n+1)A_{m+1}A_{n+1}}{B_1B_1}$; setzt man für A_{m+1}, A_{n+1} und B_1 ihre Werthe, und hebt die dem Zähler und Nenner gemeinschaftlichen Faktoren gegen einander auf, so findet man abermals, so wie weiter oben,

$$\frac{2^{\frac{m+n}{2}} A_2^{\frac{m+n}{2}}}{1.2.3\ldots m \times 1.2.3\ldots n}$$

Man erhält also $\sin x = -\frac{2A_2x}{B_1} - \frac{4A_4x^3}{B_1} - \frac{6A_6x^5}{B_1} - \text{etc.}$, wo der Coeffizient B_1 durch die Gleichung $B_1B_1 + 2A_2 = 0$ bestimmt wird.

Setzt man statt A_4, A_6, A_8, etc. ihre Werthe in A_2 aus dem vorigen §., so findet man

$$\sin x = -\frac{2A_2 x}{B_1} - \frac{2^2 A_2^2 x^3}{1.2.3 B_1} - \frac{2^3 A_2^3 x^5}{1.2.3.4.5 B_1} - \frac{2^4 A_2^4 x^7}{1.2.3.4.5.6.7.B_1} - \text{etc.};$$

und wenn man für A_2 seinen Werth $-\frac{B_1^2}{2}$ setzt, so kommt, nach den Reduktionen

$$\sin x = B_1 x - \frac{B_1^3 x^5}{1.2.3} + \frac{B_1^5 x^5}{1.2.3.4.5} - \frac{B_1^7 x^7}{1.2.3.4.5.6.7} + \text{etc.}.$$

§. 39.

Hier nun sehn wir uns, gerade wie bei den Exponentional-Funktionen, durch die Bestimmung des ersten Coeffizienten gehemmt; denn wenn B_1 bekannt ist, so erhält man den Werth von A_2 und umgekehrt. Ferner, wenn man die für $\cos x$ gefundene Reihe prüft, so sieht man, daß sie den Radius übertrifft, was beim Kreise nicht statt finden kann; man wird also zu der Vermuthung geführt, daß A_2 eine negative Größe seyn müsse, und zwar um so mehr, weil der aus der Gleichung $B_1^2 + 2A_2 = 0$ hergeleitete Werth von B_1 so lange imaginär seyn wird, als A_2 positiv ist. Diese Schwierigkeiten werden durch die Bestimmung von B_1 aufgeklärt werden, und wir werden in der Folge Gelegenheit haben, zu zeigen, daß sie darin ihren Grund haben, weil die Gleichungen, von welchen wir zur Herleitung der Entwickelungen von $\cos x$ und $\sin x$ Gebrauch gemacht haben, Eigenthümlichkeiten ausdrücken, welche dem Kreise und der Hyperbel gemeinschaftlich sind.

Archimedes hat zuerst gezeigt, daß die Peripherie eines Kreises kleiner ist als der Umring des umgeschriebenen Polygons, und größer als der des eingeschriebenen Polygons von einer gleichen Anzahl von Seiten; es folgt hieraus, daß ein Kreisbogen allzeit kleiner ist als als seine t r i g o n o m e t r i s c h e T a n g e n t e, und größer als sein S i n u s; aber man weiß, daß

$$\operatorname{tg} x = \frac{\sin x}{\cos x} = \frac{\sin x}{\sqrt{1 - \overline{\sin x}^2}};$$

man hat also

$$\begin{cases} \dfrac{\sin x}{\sqrt{1 - \overline{\sin x}^2}} > x \\ \sin x < x. \end{cases}$$

Um $\sin x$ in der ersten der obigen R e l a t i o n e n auszudrücken, multiplizire man beide Seiten mit $\sqrt{1 - \overline{\sin x}^2}$, so kommt $\sin x > x\sqrt{1-\overline{\sin x}^2}$, und wenn man beide Seiten ins Quadrat erhebt, $\overline{\sin x}^2 = x^2(1-\overline{\sin x}^2)$; addirt man beiderseits $x^2\overline{\sin x}^2$, so erhält man $(1+x^2)\overline{\sin x}^2 > x^2$; dividirt man durch $1+x^2$, und zieht die Quadratwurzel aus beiden Seiten, so kommt $\sin x > \frac{x}{\sqrt{1+x^2}}$.

Entwickelt man $\frac{x}{\sqrt{1+x^2}}$ vermittelst der binomischen Formel, so erhält man $x\left(1-\frac{1}{2}x^2+\frac{1.3}{2.4}x^4-\frac{1.3.5}{2.4.6}x^6+ \text{rc.}\right)$; es muß also, nach dem Vorigen, wenn man diese Reihe von dem Werthe von $\sin x$ abzieht, das Resultat

$$x\left(\left(B_1-\frac{B_1{}^3x^2}{1.2.3}+\frac{B_1{}^5x^4}{1.2.3.4.5}-\text{rc.}\right)-\left(1-\frac{1}{2}x^2+\frac{1.3}{2.4}x^4-\text{rc.}\right)\right),$$

eine positive Größe seyn. Weil aber $\sin x < x$ so muß auch die Differenz $x\left(1-\left(B_1-\frac{B_1{}^3x^2}{1.2.3}+\frac{B_1{}^5x^4}{1.2.3.4}-\text{rc.}\right)\right)$ positiv seyn; nun können aber diese beiden Bedingungen in allen Fällen nicht erfüllt werden, es sey denn daß $B_1 = 1$. Denn man kann dem x immer einen hinlänglich kleinen Werth beilegen, daß das erste Glied einer jeden der Reihen $1-\frac{1}{2}x^2+\frac{1.3}{2.4}x^4-\text{rc.}$

$$B_1-\frac{B_1{}^3x^2}{1.2.3}+\frac{B_1{}^5x^4}{1.2.3.4.5}-\text{rc.}$$

die Summe aller übrigen Glieder übertrifft, und daß diese Summe kleiner wird, als irgend eine gegebene noch so kleine Größe, weil der Exponent des Verhältnisses der aufeinander folgenden Glieder immer abnimmt (§. 9.): man kann also die erste Reihe durch $1-\delta$, und die zweite durch $B_1-\delta'$ bezeichnen; wo δ und δ' beliebig kleine Größen bezeichnen; und gemäß den oben angegebenen Bedingungen, müssen die Werthe $\left.\begin{matrix}B_1-1+\delta-\delta'\\1-B_1+\delta'\end{matrix}\right\}$ beide positiv seyn. Gesetzt nun, man habe $B_1 = 1+d$, so werden die vorigen Ausdrücke $\left.\begin{matrix}d+\delta-\delta'\\-d+\delta\end{matrix}\right\}$; aber δ und δ' können immer kleiner genommen werden als d: von dem Zeichen dieser Größe also hängt das der betrachteten Differenzen ab, und folglich wird, wenn die erste positiv ist, die zweite negativ seyn, was mit dem Wesen der Frage nicht übereinstimmt.

B_1 wird eben so wenig nicht unter der Einheit liegen; denn wenn man hätte $B_1 = 1-d$, so würde d in der ersten

Formel negativ, in der zweiten positiv, und indem man bei der gegenwärtigen Voraussetzung eben so schließt, wie in den vorigen, so fände man abermals zwei Resultate mit verschiedenen Zeichen; da nun aber dieser Umstand nicht statt finden kann, so muß man daraus schließen, daß B_1 weder größer noch kleiner als 1 seyn kann, und folglich muß $B_1 = 1$ seyn.

Weil nun $B_1 = 1$, so findet man, nach der Gleichung $B_1 B_1 + 2A_2 = 0$, $A_2 = -\frac{1}{2}$, und hieraus

$$\cos x = 1 - \frac{x^2}{1.2} + \frac{x^4}{1.2.3.4} - \frac{x^6}{1.2.3.4.5.6} + \text{etc.}$$

$$\sin x = x - \frac{x^3}{1.2.3} + \frac{x^5}{1.2.3.4.5} - \frac{x^7}{1.2.3.4.5.6.7} + \text{etc.}$$

Dieses sind die Ausdrücke des Sinus und Cosinus, entwickelt nach den Potenzen des Bogens; ich werde weiter unten zeigen, wie man daraus den Werth des Bogens selbst herleiten kann.

§. 40.

Die Betrachtungen, welche uns zur Bestimmung von B_1 gedient haben, beschränken sich nicht blos auf die Ausdrücke, mit welchen wir uns im vorigen §. beschäftigt haben; man kann daraus ein allgemeines Prinzip herleiten, welches durch seine Anwendungen auf die Theorie der Curven und auf die Mechanik sehr beachtenswerth ist.

Folgendes ist die Aussage dieses Prinzips:

Es seyen folgende drei Ausdrücke

$$A + Bx + Cx^2 + Dx^3 + \text{etc.}$$
$$A' + B'x + C'x^2 + D'x^3 + \text{etc.}$$
$$A'' + B''x + C''x^2 + D'''x^3 + \text{etc.}$$

von der Beschaffenheit, daß die Werthe des zweiten immer zwischen den Werthen des ersten und dritten liegen: wenn nun diese beiden letztern Ausdrücke dasselbe erste Glied haben, so wird es nothwendig dem des zweiten Ausdrucks gleich seyn; d. h. wenn $A = A''$, so kann man daraus schließen, daß $A = A'$.

Um den Satz zu beweisen, nehme man für x einen solchen Werth an, der geeignet ist, die Summe aller nach den ersten folgenden Glieder in jeder der vorhergehenden Reihen zu einer gegebenen Kleinheit zu bringen, und in diesem Zustande stelle man sie vor durch

$$\left.\begin{array}{l} A + \delta \\ A' + \delta' \\ A'' + \delta'' \end{array}\right\} ;$$

zieht man den ersten von dem zweiten, und diesen von dem dritten ab, so erhält man

$$\left.\begin{array}{l} A' - A = \delta' - \delta \\ A'' - A' = \delta'' - \delta' \end{array}\right\}$$

Resultate, welche nach der Aussage des Satzes beide positiv seyn müssen. Setzt man aber $A'' = A$, und macht nach einander

$$\left.\begin{array}{l} A' = A + d \\ A' = A - d \end{array}\right\},$$

so wird sich, wie im Vorigen, ergeben, daß, so lange d nicht Null ist, die Werthe der obigen Formeln verschiedene Zeichen haben: es muß also $A' = A$ seyn.

Die Begriffe, welche wir von den Grenzen gegeben haben (§§. 11. und 14.), machen ebenfalls diese Behauptung sehr einleuchtend, und kürzen den Beweis etwas ab; denn nimmt man das Verhältniß zwischen der ersten und dritten Reihe, so findet man

$$\frac{A + Bx + Cx^2 + Dx^3 + \text{etc.}}{A'' + B''x + C''x^2 + D''x^3 + \text{etc.}},$$

ein Bruch, dessen Grenze $\frac{A}{A''}$ ist, und diese wird 1, wenn $A = A''$. Aber da die zweite Reihe immer enthalten ist zwischen diesen beiden, welche ohne Aufhören zu der Gleichheit streben, wenn $A = A''$, und x fortwährend abnimmt, so muß sie sich ohne Ende der einen und der andern nähern können, eben so wie ihrer gemeinschaftlichen Grenze. Es folgt hieraus, daß die Verhältnisse dieser drei Reihen, je zwei und zwei verglichen, ohne Aufhören zu der Einheit streben; dividirt man nun die zweite durch die erste, so erhält man

$$\frac{A' + B'x + C'x^2 + D'x^3 + \text{etc.}}{A + Bx + Cx^2 + Dx^3 + \text{etc.}},$$

wovon die Grenze ist $\frac{A'}{A}$: also $\frac{A'}{A} = 1$ oder $A' = A$.

Beziehungen
zwischen den Kreisfunktionen und den Exponential= oder logarithmischen Funktionen.

§. 41.

Die Kreisfunktionen haben zu den Exponential= und logarithmischen Funktionen zwar nur rein analytische Beziehungen, aber diese sind um so interessanter, weil man daraus mit großer Leichtigkeit die sonderbarsten und wichtigsten Eigenthümlichkeiten der Sinus und Cosinus herleitet. Diese Beziehungen bieten sich so zu sagen von selbst dar, wenn man die Reihen wieder aufgreift, welche e^x, $\sin x$ und $\cos x$ ausdrücken.

Stellt man diese Entwickelungen nämlich, wie folgt, zusammen:

$$e^x = 1 + \frac{x}{1} + \frac{x^2}{1.2} + \frac{x^3}{1.2.3} + \frac{x^4}{1.2.3.4} + \frac{x^5}{1.2.3.4.5} + \frac{x^6}{1.2.3.4.5.6} + \text{etc.}$$

$$\cos x = 1 - \frac{x^2}{1.2} + \frac{x^4}{1.2.3.4} - \frac{x^6}{1.2.3.4.5.6} + \text{etc.}$$

$$\sin x = \frac{x}{1} - \frac{x^3}{1.2.3} + \frac{x^5}{1.2.3.4.5} - \text{etc.}$$

so sieht man, daß alle Glieder der beiden letzten Reihen zusammen genommen einerlei sind, bis auf die Zeichen, mit den entsprechenden der ersten Reihe; substituirt man aber in dieser $x\sqrt{-1}$ statt x,

so erhält man, weil
$$\begin{cases} (x\sqrt{-1})^2 = -x^2 \\ (x\sqrt{-1})^3 = -x^3\sqrt{-1} \\ (x\sqrt{-1})^4 = +x^4 \\ (x\sqrt{-1})^5 = +x^5\sqrt{-1} \\ \text{etc.} \end{cases}$$

$$e^{x\sqrt{-1}} = 1 + \frac{x\sqrt{-1}}{1} - \frac{x^2}{1.2} - \frac{x^3\sqrt{-1}}{1.2.3} + \frac{x^4}{1.2.3.4} + \frac{x^5\sqrt{-1}}{1.2.3.4.5} - \text{etc.};$$

und wenn man auf der zweiten Seite die reellen Glieder von den imaginären trennt, so wird diese Gleichung

$$e^{x\sqrt{-1}} = 1 - \frac{x^2}{1.2} + \frac{x^4}{1.2.3.4} - \text{etc.}$$
$$+ \left(\frac{x}{1} - \frac{x^3}{1.2.3} + \frac{x^5}{1.2.3.4.5} - \text{etc.}\right)\sqrt{-1},$$

in welcher man die Entwickelungen von cos x und sin x wieder findet: es folgt also

$$e^{x\sqrt{-1}} = \cos x + \sqrt{-1} \sin x.$$

Man könnte eben so $-x\sqrt{-1}$ statt x in e^x substituiren; dieses käme überein mit der Verwandlung des Zeichens von $\sqrt{-1}$, in dem obigen Ausdrucke, und gäbe

$$e^{-x\sqrt{-1}} = \cos x - \sqrt{-1} \sin x.$$

Wenn man nun die beiden letztern Gleichungen addirt; so erhält man

$$e^{x\sqrt{-1}} + e^{-x\sqrt{-1}} = 2\cos x, \text{ also } \cos x = \frac{e^{x\sqrt{-1}} + e^{-x\sqrt{-1}}}{2};$$

zieht man die zweite von der ersten ab, so kommt

$$e^{x\sqrt{-1}} - e^{-x\sqrt{-1}} = 2\sqrt{-1} \sin x, \text{ also } \sin x = \frac{e^{x\sqrt{-1}} - e^{-x\sqrt{-1}}}{2\sqrt{-1}}.$$

Es würde leicht seyn, die ähnlichen Ausdrücke für die andern trigonometrischen Linien zu finden. Man erhielte den für tg x, z. B. wenn man statt sin x und cos x ihren Werth in die Gleichung $\operatorname{tg} x = \frac{\sin x}{\cos x}$ substituirte; es käme alsdann

$$\operatorname{tg} x = \frac{1}{\sqrt{-1}} \left(\frac{e^{x\sqrt{-1}} - e^{-x\sqrt{-1}}}{e^{x\sqrt{-1}} + e^{-x\sqrt{-1}}} \right),$$

oder wenn man Zähler und Nenner der zweiten Seite mit $e^{x\sqrt{-1}}$ multiplizirte,

$$\operatorname{tg} x = \frac{1}{\sqrt{-1}} \left(\frac{e^{2x\sqrt{-1}} - 1}{e^{2x\sqrt{-1}} + 1} \right).$$

§. 42.

Die Art und Weise, auf welche wir eben die Ausdrücke des Sinus und des Cosinus in imaginären Exponentialgrößen erhalten haben, vereinigt mit ihrer Einfachheit den Vortheil, den wahren Sinn dieser Formeln zu zeigen: sie zeigt, daß es nur rein algebraische Symbole sind, vermittelst welcher man in der Kürze eine Folge von Operationen ausdrückt, oder eine auszuführende Entwickelung, um zu der des Sinus und Cosinus zu gelangen, und nicht einen wahren Werth, indem die Glieder $e^{x\sqrt{-1}}$ und $e^{-x\sqrt{-1}}$ nichts als Ausdrücke sind, welche ihren Mustern e^x und e^{-x} analog gebildet sind, durch Substitution von $x\sqrt{-1}$ für x, und welche, da sie an und für sich keinen Werth haben, nur vermittelst ihrer Entwickelung aufgefaßt und übertragen werden können.

Das eben Gesagte enthält, wie mir scheint, die einzige Erklärung, die man davon geben kann: man ersieht daraus, was man unter Potenzen zu verstehen hat, deren Exponent imaginär ist. Es ist nicht möglich, sie zu erklären, weder durch successive Multiplikationen, wie die ganzen Potenzen, noch durch eine Combination von Multiplikationen, Wurzelausziehungen oder Divisionen, wie die gebrochenen und negativen Potenzen; sondern allein durch das, was die allgemeine Entwickelung von $(1+x)^m$ wird, wenn man darin statt m ein imaginäres Symbol setzt. Diese Erzeugung bewahrt auch der vorgegebenen Funktion ihre Grundeigenthümlichkeit, nämlich daß

$$(1+x)^m (1+x)^n = (1+x)^{m+n},$$

weil diese Eigenthümlichkeit in der Entwickelung Statt hat, was auch die Symbole m und n seyn mögen, sobald man $A = m$ nimmt in §. 16. Betrachtet man das Ganze aus diesem Gesichtspunkte, dem einzigen, der einiger Deutlichkeit fähig ist, so sieht man, daß man sich dessen überheben könnte, besonders zu beweisen, daß das Gesetz des Coeffizienten des zweiten Gliedes des Binoms statt hat, im Falle der Exponent imaginär ist, weil dieses alsdann nichts weiter als eine aus der Erklärung hervorgehende Wahrheit ist. Nicht so verhält es sich mit den irrationalen und transzendenten Exponenten, aber abgesehen von dem Beweise im §. 35., welcher diesen Fällen angepaßt ist, kann man immer den Exponenten durch eine Bruchzahl vertreten sich denken, welche davon so wenig verschieden ist, als man will, und durch dieses Mittel besteht der Beweis des §. 16. in seiner Totalität.

§. 43.

Kehren wir nun zurück zu den Gleichungen

$$e^{x\sqrt{-1}} = \cos x + \sqrt{-1}\sin x$$
$$e^{-x\sqrt{-1}} = \cos x - \sqrt{-1}\sin x.$$

Nimmt man beiderseits die Logarithmen, so erhält man

$$x\sqrt{-1} = \log(\cos x + \sqrt{-1}\sin x),$$
$$-x\sqrt{-1} = \log(\cos x - \sqrt{-1}\sin x);$$

zieht man von der ersten die zweite ab, so kommt

$$2x\sqrt{-1} = \log(\cos x + \sqrt{-1}\sin x) - \log(\cos x - \sqrt{-1}\sin x)$$
$$= \log\left(\frac{\cos x + \sqrt{-1}\sin x}{\cos x - \sqrt{-1}\sin x}\right):$$

dividirt man Zähler und Nenner dieses Bruches durch $\cos x$, und setzt für $\frac{\sin x}{\cos x}$ seinen Werth $\operatorname{tg} x$, so kommt

$$2x\sqrt{-1} = \log\left(\frac{1+\sqrt{-1}\,\mathrm{tg}\,x}{1-\sqrt{-1}\,\mathrm{tg}\,x}\right).$$

Setzt man nun $\sqrt{-1}\,\mathrm{tg}\,x = u$, so erhält man, mit Rücksicht auf die (§. 29.) gefundene Reihe für $\log\left(\frac{1+u}{1-u}\right)$

$$2x\sqrt{-1} = 2\left(u + \frac{u^3}{3} + \frac{u^5}{5} + \text{etc.}\right),$$

oder wenn man für u wiederum seinen Werth setzt

$$2x\sqrt{-1} = 2\left(\sqrt{-1}\,\mathrm{tg}\,x - \frac{\overline{\sqrt{-1}\,\mathrm{tg}\,x}^3}{3} + \frac{\overline{\sqrt{-1}\,\mathrm{tg}\,x}^5}{5} - \text{etc.}\right).$$

Läßt man den gemeinschaftlichen Faktor $2\sqrt{-1}$ weg, so erhält man

$$x = \mathrm{tg}\,x - \frac{\overline{\mathrm{tg}\,x}^3}{3} + \frac{\overline{\mathrm{tg}\,x}^5}{5} - \text{etc.},$$

eine sehr bemerkenswerthe Reihe, theils wegen der Einfachheit ihres Gesetzes, theils wegen der Natur der Beziehung, die sie ausdrückt, indem sie die Entwickelung eines Kreisbogens vermittelst seiner Tangente ist.

Bezeichnet man $\mathrm{tg}\,x$ mit t, so hat man

$$x = t - \frac{t^3}{3} + \frac{t^5}{5} - \frac{t^7}{7} + \text{etc.}$$

Nimmt man für x den Bogen 45°, nach der Eintheilung der Peripherie in 360°, so ist seine Tangente gleich dem Radius oder der Einheit, und man findet

$$\text{arcus } 45^\circ = 1 - \frac{1}{3} + \frac{1}{5} - \frac{1}{7} + \text{etc.}$$

Diese Reihe ist nicht sehr konvergent: man erhält eine, welche es in höherm Grade ist, wenn man zum Bogen 30° zurückgeht, dessen Sinus $\frac{1}{2}$, und dessen Tangente also $\frac{1}{\sqrt{3}}$ ist. Substituirt man diesen Werth für t, so findet man

$$\text{arcus } 30^\circ = \frac{1}{\sqrt{3}}\left(1 - \frac{1}{3.3} + \frac{1}{5.3^2} - \frac{1}{7.3^3} + \frac{1}{9.3^4} - \text{etc.}\right);$$

und kennt man die Länge des Bogens 30°, so erhält man die der Peripherie, wenn man erstere mit 12 multiplizirt. Die vorige Reihe ist es, vermittelst welcher Lagny das Verhältniß der Peripherie zum Diameter berechnet hat bis 127 Dezimalstellen; und er hat gefunden, daß wenn der Diameter = 1 ist, die Peripherie ausgedrückt wird durch 3,14159 26535 89793 23846 23433 83279 50288 41971 69399 37510 58209 74944 59230 78164 06286 20899 86280 34825 34211 70679 82148 08651 32823 06647 09384 46.

Dieses Verhältniß, welches zuerst in den Mémoires der Académie des Sciences, Jahrgang 1719, erschien hatte einen Druckfehler in der 113ten Dezimalstelle, den ich hier nach der Anzeige von Vega verbessert habe.

§. 44.

Es wäre möglich, noch konvergentere Reihen zu bilden, als die ist, welche den Bogen 30° ausdrückt, wenn man kleinere Bogen anwendete, deren Tangente durch die Rechnung genau gegeben wäre, z. B. die des Bogens 15°; aber man verfiele alsdann auf mehr und mehr verwickelte Irrationalzahlen: man kam also zurück zum Bogen 45°; aber anstatt ihn auf einmal zu berechnen, dachte man sich ihn in mehrere Theile zerlegt, deren Tangenten Rationalzahlen wären.

Unter mehrern Bestimmungen dieser Art bemerkt man zuerst die von Euler, welcher gefunden hat, daß der Bogen 45° gleich ist der Summe zweier Bogen, deren respective Tangenten sind $\frac{1}{2}$ und $\frac{1}{3}$. Diese Behauptung kann bewahrheitet werden, wenn man $\operatorname{tg} A = \frac{1}{2}$, $\operatorname{tg} B = \frac{1}{3}$ setzt, in der bekannten Formel

$$\operatorname{tg}(A+B) = \frac{\operatorname{tg} A + \operatorname{tg} B}{1 - \operatorname{tg} A \,.\, \operatorname{tg} B},$$

welche alsdann gibt $\operatorname{tg}(A+B) = 1$, also $A + B = 45°$; und da man hat

$$A = \frac{1}{2} - \frac{1}{3.2^3} + \frac{1}{5.2^5} - \frac{1}{7.2^7} + \text{etc.}$$

$$B = \frac{1}{3} - \frac{1}{3.3^3} + \frac{1}{5.3^5} - \frac{1}{7.3^7} + \text{etc.};$$

so schließt man daraus

$$A+B = \begin{cases} \frac{1}{2}\left(1 - \frac{1}{3.4} + \frac{1}{5.4^2} - \frac{1}{7.4^3} + \text{etc.}\right) \\ + \frac{1}{3}\left(1 - \frac{1}{3.9} + \frac{1}{5.9^2} - \frac{1}{7.9^3} + \text{etc.}\right), \end{cases}$$

eine Formel, welche sehr geeignet ist, um in Zahlen ausgedrückt zu werden.

Ehe Euler die vorigen Reihen bekannt machte, hatte der englische Geometer Machin eine ähnliche Idee, und war seit 1706 zu einem weit konvergenteren Werthe des Bogens 45° gekommen, welcher aber lange in Vergessenheit geblieben ist, obgleich von dem genannten Geometer bekannt wurde, daß er das Verhältniß der Peripherie zum Diameter, welches Ludolph van Ceulen nur bis zu 35 Dezimalziffern berechnet hatte, bis zu

100 Dezimalziffern berechnet habe. Das Verfahren Machin's besteht darin, einen hinlänglich kleinen Bruch zu nehmen für die Tangente eines ersten Bogens, und diesen Bogen so oft zu wiederholen, als nöthig ist, um den seiner Vielfachen zu erhalten, welcher dem Bogen 45° am nächsten kommt, alsdann die Tangente der Differenz dieser beiden Bogen zu berechnen, eine Tangente, welche ebenfalls nur ein kleiner Bruch ist, und deren Bogen man also in einer sehr konvergenten Reihe erhält. Man sieht, daß dieses Mittel zu mehrern Resultaten führen kann, und ich werde mich daher auch nur bei dem aufhalten, welches die größte Einfachheit mit der größten Convergenz vereinigt. (Man kann die andern in dem 3ten Bande der **Scriptores logarithmici**, herausgegeben von Maseres, und in dem 2ten Bande des Werks: **Développement de la partie élémentaire des Mathématiques, par Bertrand de Genève**, finden.)

Nimmt man $a = \frac{1}{5}$, und bildet nach einander

$$\operatorname{tg} 2a = \frac{2 \operatorname{tg} a}{1 - \operatorname{tg} a^2} = \frac{5}{12}$$

$$\operatorname{tg} 4a = \frac{2 \operatorname{tg} 2a}{1 - \operatorname{tg} 2a^2} = \frac{120}{119},$$

so sieht man, daß der Bogen 4a nur um Weniges größer ist als 45°, weil die Tangente des erstern die des zweiten nur um $\frac{1}{119}$ übertrifft. Macht man nun $4a = A$, und $45° = B$, so findet man für den Bogen $A - B$, den ich mit b bezeichne,

$$\operatorname{tg}(A - B) = \frac{\operatorname{tg} A - \operatorname{tg} B}{1 + \operatorname{tg} A . \operatorname{tg} B} = \frac{1}{239} = \operatorname{tg} b:$$

also arcus $45° = 4a - b$; aber da $\operatorname{tg} a = \frac{1}{5}$ und $\operatorname{tg} b = \frac{1}{239}$, so kommt

$$a = \frac{1}{5} - \frac{1}{3.5^3} + \frac{1}{5.5^5} - \frac{1}{7.5^7} + \frac{1}{9.5^9} - \text{ic.}$$

$$b = \frac{1}{239} - \frac{1}{3(239)^3} + \frac{1}{5(239)^5} - \frac{1}{7(239)^7} + \text{ic.}$$

woraus folgt

$$45° \text{ oder } 0,^q5 = \begin{cases} 4\left(\frac{1}{5} - \frac{1}{3.5^3} + \frac{1}{5.5^5} - \frac{1}{7.5^7} + \frac{1}{9.5^9} - \text{ic.}\right) \\ -\left(\frac{1}{239} - \frac{1}{3(239)^3} + \frac{1}{5(239)^5} - \frac{1}{7(239)^7} + \text{ic.}\right). \end{cases}$$

Die Berechnung der erstern Reihe ist sehr leicht, wenn man darauf Acht hat, daß sie gleichbedeutend ist mit

$$\frac{1}{5}\left(1-\frac{1}{3.25}+\frac{1}{5(25)^2}-\frac{1}{7(25)^3}+\frac{1}{9(25)^4}-\text{rc.}\right)$$

ferner mit $\frac{1}{5}\left(1-\frac{4}{3(100)}+\frac{4^2}{5(100)^2}-\frac{4^3}{7(100)^3}+\frac{4^4}{9(100)^4}-\text{rc.}\right)$

und die Convergenz der zweiten Reihe tritt deutlich hervor, wenn man sie unter die Form bringt

$$\frac{1}{239}\left(1-\frac{1}{3(57121)}+\frac{1}{5(57121)^2}-\frac{1}{7(57121)^3}+\text{rc.}\right).$$

Die Vergleichung dieser Reihen mit den mühsamen Verfahrungsarten, welche die Betrachtung der eingeschriebenen und umgeschriebenen Polygone im Kreise darbietet, ist sehr geeignet, den Vorzug der Analysis und des neuern Calküls vor den ältern Methoden ins Licht zu setzen; auch sind die Geometer nicht bei den von Lagny gegebenen Verhältnisse stehen geblieben: Vega, den ich schon angeführt habe, und welchem man sehr vollständige und sehr interessante logarithmische Tabellen verdankt, hat ein anderes bis zu 140 Dezimalziffern berechnet, und vermittelst dessen den Irrthum entdeckt, der sich in ersteren fand.

Kennt man die Länge der Peripherie des Kreises, so leitet man daraus leicht die eines beliebigen Bogens her; und mit Hülfe dieser kann man durch die Formeln des §. 39., welche für kleine Bogen sehr konvergent sind, die Sinus und Cosinus dieser Bogen erhalten. Man geht alsdann zu den Sinus und Cosinus ihrer Vielfachen, vermittelst der in der Trigonometrie gefundenen strengen Formeln. Man kann auch blos die Reihen anwenden, indem man sie konvergent macht, was durch oft sehr sinnreiche Verfahrungsarten geschieht, die aber nicht von der Art sind, daß sie hier mitgetheilt werden könnten.

§. 45.

Die Kreisbogen können auf zwei Weisen ausgedrückt werden, welche man sorgfältig von einander unterscheiden muß. Bezeichnet man sie nach Graden der alten und neuen Eintheilung, so deutet man nur ihre Verhältnisse zur Peripherie an, welche letztere man ansieht als eine in 360 oder in 400 gleiche Theile getheilte Einheit. Auf diese Weise macht man von ihnen in allen Rechnungen Gebrauch, in welchen sie nur durch trigonometrische Linien vorkommen; aber sobald als die Bogen an und für sich selbst in diese Rechnungen eingehen, alsdann handelt es sich um ihre absolute Länge: es ist also nöthig zu wissen, wie man von dieser Länge, welche in Theilen des Radius ausgedrückt ist, zu dem Werthe des Bogens in aliquoten Theilen der Peripherie ausgedrückt, zurück kommen kann. Einfache Proportionen reichen dazu hin, denn bezeichnet man mit 2π die Länge der Peripherie, und mit a die eines Bogens, so wird die Anzahl der Grade dieses Bogens, nach der alten Einkheilung seyn

$$\frac{a \cdot 360^\circ}{2\pi},$$

nach der neuen

$$\frac{a \cdot 400^\circ}{2\pi};$$

aber die Astronomen beziehen alle Bogen auf denjenigen, der an Länge dem Radius des Kreises gleich ist, und den man aus diesem Grunde kennen muß. Man findet den Werth dafür durch die obigen Formeln, wenn man darin $a = 1$ setzt: es kommt, nach der alten Eintheilung

$$\frac{360^\circ}{2\pi} = 206264'', 8062470964;$$

nach der neuen

$$\frac{400^\circ}{2\pi} = 0^q, 63661977236758 1.$$

Für den gewöhnlichen Gebrauch beschränkt man sich auf folgende Werthe:

alte Einth. $57^\circ 17' 44'',81$; neue Einth. $63^{gr},66198$.

Kennt man nun die Länge eines Bogens in Dezimaltheilen des Radius, so reicht es hin, sie zu multipliziren mit der einen der vorigen Zahlen, um daraus ihren Werth zu erhalten, sey es nach der alten oder nach der neuen Eintheilung.

Man findet auf diese Weise, daß der Bogen, welcher 0,972 des Radius gleich ist, gleichgeltend ist mit

$0{,}972 \times 206264'',81 = 200489'',39$ oder $55^\circ 41' 29'',4$ alter Einth.

$0{,}972 \times 63^{gr},66198 = 61^{gr},87944$ neue Einth.

Das Vorige bietet das Mittel dar, einen Winkel oder Bogen zu messen, wenn man keine in Grade eingetheilten Winkelmeß-instrumente, und selbst keine trigonometrischen Tabellen zur Hand hat; denn wenn man diesen Winkel durch ein Perpendikel auf eine der Seiten schließt, so gibt das Verhältniß dieser beiden Linien die Tangente; und wenn diese Tangente klein ist, so läßt sich die Länge des Bogens, zu welchem sie gehört, leicht herleiten aus der Formel

$$x = t - \frac{t^3}{3} + \frac{t^5}{5} - \frac{t^7}{7} + \text{rc.},$$

welche sehr leicht zu behalten ist, und welche sich eben so gut auf Winkel, die einem rechten nahe kommen, als auf kleine

Winkel anwenden läßt, weil man alsdann das Complement des gesuchten Winkels berechnet, dessen Tangente das Umgekehrte (Reziproke) von der gegebenen Tangente ist. Man kann in den Mémoires der Académie des Sciences, Jahrgang 1724, die Anwendung sehen, welche Lagny von dieser Formel macht für den vorliegenden Gegenstand. In dem Falle wo der zu messende Winkel nicht sehr klein wäre, würde er bequemer durch seinen Sinus oder Cosinus ausgedrückt werden, vermittelst Reihen, die man in der Folge finden wird; und sobald man einmal die Länge hat, verwandelt man sie in Theile der Peripherie, wie eben auseinander gesetzt ist.

§. 46.

Kehren wir zurück zu den beiden Gleichungen

$$\cos x = \frac{e^{x\sqrt{-1}} + e^{-x\sqrt{-1}}}{2},$$

$$\sin x = \frac{e^{x\sqrt{-1}} - e^{-x\sqrt{-1}}}{2\sqrt{-1}};$$

setzt man in denselben nx statt x, so hat man

$$\cos nx = \frac{e^{nx\sqrt{-1}} + e^{-nx\sqrt{-1}}}{2},$$

$$\sin nx = \frac{e^{nx\sqrt{-1}} - e^{-nx\sqrt{-1}}}{2\sqrt{-1}},$$

welche zu den Werthen der Cosinus und Sinus der vielfachen Bogen führen.

Im Allgemeinen enthalten diese Formeln das Mittel, die algebraische Rechnung auf die Funktionen des Sinus und Cosinus anzuwenden; und mit ihrer Hülfe kommt man zu denselben Resultaten, welche man auf trigonometrischen Wegen erhalten würde.

Da diese Materie nicht ganz hierhin gehört, so wird man darüber hier nur einige Beispiele finden, aber sie werden hinreichen, um den Gebrauch zu zeigen, den man von diesen Formeln machen kann.

Gesetzt, man wollte wissen, was das Produkt $\sin x \cos x$ bedeute, so findet man, indem man es ausführt,

$$\sin x \cos x = \frac{e^{2x\sqrt{-1}} - e^{-2x\sqrt{-1}}}{4\sqrt{-1}},$$

oder

$$2\sin x \cos x = \frac{e^{2x\sqrt{-1}} - e^{-2x\sqrt{-1}}}{2\sqrt{-1}};$$

aber es ist leicht zu sehen, daß die 2te Seite nichts Anderes ist als der Werth von $\sin 2x$, weil man dazu kommen würde, wenn man in den Ausdruck des $\sin x$, $2x$ statt x setzt: man erhält also $\sin x \cos x = \frac{1}{2} \sin 2x$.

Wollte man $\sin x \cos z$ haben, so hätte man erhalten

$$\sin x \cos z = \left(\frac{e^{x\sqrt{-1}} - e^{-x\sqrt{-1}}}{2\sqrt{-1}}\right)\left(\frac{e^{z\sqrt{-1}} + e^{-z\sqrt{-1}}}{2}\right),$$

also

$$\sin x \cos z = \frac{e^{(x+z)\sqrt{-1}} - e^{-(x+z)\sqrt{-1}} + e^{(x-z)\sqrt{-1}} - e^{-(x-z)\sqrt{-1}}}{2.2\sqrt{-1}};$$

aber es ist einleuchtend, daß

$$\frac{e^{(x+z)\sqrt{-1}} - e^{-(x+z)\sqrt{-1}}}{2\sqrt{-1}} = \sin(x+z),$$

$$\frac{e^{(x-z)\sqrt{-1}} - e^{-(x-z)\sqrt{-1}}}{2\sqrt{-1}} = \sin(x-z);$$

folglich

$$\sin x \cos z = \tfrac{1}{2}(\sin(x+z) + \sin(x-z)).$$

Diese Formel ergibt sich zwar sehr einfach aus den bekannten Werthen von

$$\sin(x+z) = \sin x \cos z + \sin z \cos x,$$
$$\sin(x-z) = \sin x \cos z - \sin z \cos x,$$

wenn man sie zu einander addirt; aber das Mittel, welches wir eben angewendet haben, führt viel leichter zu den allgemeinen Formeln, wie man sogleich sehen wird.

§. 47.

Da

$$e^{x\sqrt{-1}} = \cos x + \sqrt{-1}\sin x,$$
$$e^{-x\sqrt{-1}} = \cos x - \sqrt{-1}\sin x,$$

so erhält man, wenn man beide Seiten dieser Gleichungen zur Potenz n erhebt,

$$e^{nx\sqrt{-1}} = (\cos x + \sqrt{-1}\sin x)^n$$
$$e^{-nx\sqrt{-1}} = (\cos x - \sqrt{-1}\sin x)^n;$$

also

$$\cos nx = \frac{e^{nx\sqrt{-1}} + e^{-nx\sqrt{-1}}}{2} =$$
$$\frac{(\cos x + \sqrt{-1}\sin x)^n + (\cos x - \sqrt{-1}\sin x)^n}{2}.$$

So sind wir also zu dem Ausdrucke des Cosinus eines vielfachen Bogens auf eine sehr einfache Weise gekommen; und man muß wohl darauf Acht haben, daß er, obgleich mit imaginären Größen behaftet, doch nichts desto weniger reell ist; denn diese imaginären Größen verschwinden alle in der Entwickelung der angezeigten Potenzen. Man hat nämlich:

$$(\cos x+\sqrt{-1}\sin x)^n=\overline{\cos x}^{\,n}+\frac{n}{1}\sqrt{-1}\,\overline{\cos x}^{\,n-1}\sin x-\frac{n(n-1)}{2}\overline{\cos x}^{\,n-2}\,\overline{\sin x}^{\,2}-\text{etc.}$$

$$(\cos x-\sqrt{-1}\sin x)^n=\overline{\cos x}^{\,n}-\frac{n}{1}\sqrt{-1}\,\overline{\cos x}^{\,n-1}\sin x-\frac{n(n-1)}{2}\overline{\cos x}^{\,n-2}\,\overline{\sin x}^{\,2}+\text{etc.};$$

addirt man die erste Entwickelung zur zweiten, und dividirt alsdann durch 2, so findet man

$$\cos nx=\overline{\cos x}^{\,n}-\frac{n(n-1)}{2}\overline{\cos x}^{\,n-2}\,\overline{\sin x}^{\,2}+\frac{n(n-1)(n-2)(n-3)}{2\,.\,3\,.\,4}\overline{\cos x}^{\,n-4}\,\overline{\sin x}^{\,4}-\text{etc.}$$

Es ist nicht nöthig, zu bemerken, daß diese Reihe alle Mal begrenzt seyn wird, wenn n eine ganze und positive Zahl bezeichnet; sie folgt in dieser Beziehung den nämlichen Gesetzen wie die Formel des Binoms, woraus sie hergeleitet ist.

Setzt man für $e^{nx\sqrt{-1}}$ und $e^{-nx\sqrt{-1}}$ ihren Werth in die Gleichung

$$\sin nx=\frac{e^{nx\sqrt{-1}}-e^{-nx\sqrt{-1}}}{2\sqrt{-1}},$$

so findet man

$$\sin nx=\frac{(\cos x+\sqrt{-1}\sin x)^n-(\cos x-\sqrt{-1}\sin x)^n}{2\sqrt{-1}};$$

und wenn man entwickelt, so kommt, wenn man die Glieder weggelassen, welche sich aufheben, und welche nun reelle Glieder sind, und nachdem man durch $2\sqrt{-1}$ dividirt hat,

$$\sin nx=n\cos x^{n-1}\sin x-\frac{n(n-1)(n-2)}{2\,.\,3}\overline{\cos x}^{\,n-3}\,\overline{\sin x}^{\,3}+$$
$$+\frac{n(n-1)(n-2)(n-3)(n-4)}{2\,.\,3\,.\,4\,.\,5}\cos x^{n-5}\,\overline{\sin x}^{\,5}-\text{etc.}$$

§. 48.

In den Gleichungen

$$e^{nx\sqrt{-1}} = (\cos x + \sqrt{-1}\sin x)^n$$
$$e^{-nx\sqrt{-1}} = (\cos x - \sqrt{-1}\sin x)^n,$$

welche das Fundament zu den vorigen Resultaten bilden, kann man unmittelbar die Exponentialgrößen eliminiren, wenn man darin für diese Funktionen die Werthe setzt, welche die beiden ersten Gleichungen des §. 47 liefern, nachdem man in denselben nx statt x gesetzt hat; und es kommt alsdann

$$(\cos x + \sqrt{-1}\sin x)^n = \cos nx + \sqrt{-1}\sin nx,$$
$$(\cos x - \sqrt{-1}\sin x)^n = \cos nx - \sqrt{-1}\sin nx,$$

Gleichungen, welche man unmittelbar aus den folgenden herleitet:

$$\sin(x \pm z) = \sin x\cos z \pm \cos x\sin z,$$
$$\cos(x \pm z) = \cos x\cos z \mp \sin x\sin z,$$
$$1 = \overline{\sin x}^2 + \overline{\cos x}^2,$$

welche die ganze Theorie der Sinus umfassen.

Zerlegt man die zweite Seite der letztern Gleichung in ihre Faktoren, so findet man

$$1 = (\cos x + \sqrt{-1}\sin x)(\cos x - \sqrt{-1}\sin x);$$

aber wenn man das Produkt

$$(\cos x + \sqrt{-1}\sin x)(\cos z + \sqrt{-1}\sin z)$$

entwickelt, so findet man

$$\cos x\cos z - \sin x\sin z + (\cos x\sin z + \sin x\cos z)\sqrt{-1},$$

ein Resultat, welches, mit Rücksicht auf die beiden erstern Gleichungen, gibt

$$(\cos x + \sqrt{-1}\sin x)(\cos z + \sqrt{-1}\sin z) = \cos(x+z) + \sqrt{-1}\sin(x+z).$$

Man erhält eben so

$$(\cos x - \sqrt{-1}\sin x)(\cos z - \sqrt{-1}\sin z) = \cos(x+z) - \sqrt{-1}\sin(x+z)$$
$$(\cos x + \sqrt{-1}\sin x)(\cos z - \sqrt{-1}\sin z) = \cos(x-z) + \sqrt{-1}\sin(x-z)$$
$$(\cos x - \sqrt{-1}\sin x)(\cos z + \sqrt{-1}\sin z) = \cos(x-z) - \sqrt{-1}\sin(x-z);$$

man kann diese vier Formeln in folgende zwei zusammenfassen:

$$(\cos x \pm \sqrt{-1}\sin x)(\cos z \pm \sqrt{-1}\sin z) = \cos(x+z) \pm \sqrt{-1}\sin(x+z)$$
$$(\cos x \pm \sqrt{-1}\sin x)(\cos z \mp \sqrt{-1}\sin z) = \cos(x-z) \pm \sqrt{-1}\sin(x-z).$$

Wenn man in der erstern von diesen nacheinander z=x, 2x, 3x, ... (n—1) x setzt, so kommt

$$(\cos x \pm \sqrt{-1}\sin x)^2 = \cos 2x \pm \sqrt{-1}\sin 2x$$
$$(\cos x \pm \sqrt{-1}\sin x)(\cos 2x \pm \sqrt{-1}\sin 2x) = \cos 3x \pm \sqrt{-1}\sin 3x$$
$$(\cos x \pm \sqrt{-1}\sin x)(\cos 3x \pm \sqrt{-1}\sin 3x) = \cos 4x \pm \sqrt{-1}\sin 4x$$

. . . .

$$(\cos x \pm \sqrt{-1}\sin x)(\cos(n-1)x \pm \sqrt{-1}\sin(n-1)x) = \cos nx \pm \sqrt{-1}\sin nx;$$

und da die zweite Seite einer jeden dieser Gleichungen genau der zweite Faktor der ersten Seite der folgenden Gleichung ist, so findet man, wenn man statt dieses Faktors die ihm gleiche Größe setzt,

$$(\cos x \pm \sqrt{-1}\sin x)^2 = \cos 2x \pm \sqrt{-1}\sin 2x$$

$$(\cos x \pm \sqrt{-1}\sin x)^3 = \cos 3x \pm \sqrt{-1}\sin 3x$$

. . . .

$$(\cos x \pm \sqrt{-1}\sin x)^n = \cos nx \pm \sqrt{-1}\sin nx:$$

man erhält also, wie oben, die Gleichungen

$$(\cos x + \sqrt{-1}\sin x)^n = \cos nx + \sqrt{-1}\sin nx$$

$$(\cos x - \sqrt{-1}\sin x)^n = \cos nx - \sqrt{-1}\sin nx;$$

indessen werden sie nur bewiesen seyn für den Fall, daß die Zahl n eine ganze ist.

§. 49.

Die §. 47. gefundenen Entwickelungen von $\sin nx$ und $\cos nx$ lösen vollständig die Aufgabe, bei welcher man nur zum Zwecke hat, den Werth des Sinus oder des Cosinus eines vielfachen Bogens zu erhalten, vermittelst der Potenzen des Sinus und Cosinus des einfachen Bogens, und was noch mehr ist, sie hören nicht auf, richtig zu seyn, welches auch die Zahl n seyn möge: nur schließen sie nicht, wenn diese Zahl negativ oder ein Bruch ist, eine Unbequemlichkeit, welche in der Natur der Sache liegt; aber dieselben Entwickelungen enthalten zusammen die Potenzen des Sinus und die des Cosinus, was als eine unzweckmäßige Verwickelung erscheint, weil, da die eine dieser Größen durch die andere gegeben ist, man mit Hülfe der Elimination zu Formeln gelangen kann, welche nur vom Sinus oder vom Cosinus abhangen. Das Mittel, welches sich gleich darbietet, um sie zu erhalten, besteht darin, daß man für $\sin x$ setzt $\sqrt{1-\cos x^2}$ in dem Ausdrucke des $\cos nx$ und $\sqrt{1-\sin x^2}$ für $\cos x$ in dem des $\sin nx$. Die erste dieser Substitutionen führt immer zu einem rationalen Ausdrucke, weil $\cos nx$ blos gerade Potenzen des $\sin x$ enthält; und die zweite bringt dasselbe mit $\sin nx$ hervor, wenn n eine ungerade Zahl ist; aber in dem Falle, wo n eine gerade Zahl wäre, erhielte man darin, in allen Gliedern, einen irrationalen Faktor, den man sogleich deutlich machen kann, wenn man die Entwickelung des $\sin nx$ schreibt, wie folgt:

$$\sin nx = \cos x\left(n\,\overline{\cos x}^{\,n-2}\sin x - \frac{n(n-1)(n-2)}{2\,.\,3}\overline{\cos x}^{\,n-4}\,\overline{\sin x}^{\,3} + \text{rc.}\right)$$

Man vermeidet diese Trennung in zwei Fälle, wenn man den Ausdruck des $\sin nx$ unter folgender Form schreibt:

$$\sin nx = \sin x\left(n\,\overline{\cos x}^{\,n-1} - \frac{n(n-1)(n-2)}{2\,.\,3}\overline{\cos x}^{\,n-3}\,\overline{\sin x}^{\,2} + \text{rc.}\right),$$

in welcher die in den Parenthesen eingeschlossene Reihe immer rational von den Potenzen des Sinus befreit werden kann. Es wäre wirklich wenig bequem, in diesen letztern Ausdruck, und in den des $\cos nx$, statt der Potenzen von $\overline{\sin x}^{\,2}$ die des Binoms $1-\overline{\cos x}^{\,2}$ zu substituiren, selbst um blos eine Tabelle der einzelnen Werthe des $\cos 2x$, $\cos 3x, \ldots,$ $\sin 2x$, $\sin 3x, \ldots$ zu bilden; man gelangt dazu rascher mittelst sehr einfacher Formeln, die ich jetzt anführen will.

Die bekannten Werthe von $\cos a \cos b$ und $\cos a \sin b$ (Lacroix's Trigonom.) werden, wenn man $a = x$ und $b = nx$ setzt

$$\cos x \cos nx = \tfrac{1}{2}(\cos(n+1)x + \cos(n-1)x)$$
$$\cos x \sin nx = \tfrac{1}{2}(\sin(n+1)x + \sin(n-1)x),$$

woraus man erhält

$$\cos(n+1)x = 2\cos x \cos nx - \cos(n-1)x \ldots (1.),$$
$$\sin(n+1)x = 2\cos x \sin nx - \sin(n-1)x \ldots (2.);$$

und nimmt man nach einander $n=1$, $n=2$, $n=3$, rc. so leitet man aus diesen beiden letzten Formeln folgende Tabellen her:

I.

$$\cos 2x = 2\,\overline{\cos x}^{\,2} - 1$$
$$\cos 3x = 4\,\overline{\cos x}^{\,3} - 3\cos x$$
$$\cos 4x = 8\,\overline{\cos x}^{\,4} - 8\,\overline{\cos x}^{\,2} + 1$$
$$\cos 5x = 16\,\overline{\cos x}^{\,5} - 20\,\overline{\cos x}^{\,3} + 5\cos x$$
$$\cos 6x = 32\,\overline{\cos x}^{\,6} - 48\,\overline{\cos x}^{\,4} + 18\,\overline{\cos x}^{\,2} - 1$$
$$\cos 7x = 64\,\overline{\cos x}^{\,7} - 112\,\overline{\cos x}^{\,5} + 56\,\overline{\cos x}^{\,3} - 7\cos x$$

rc.

II.

$$\sin 2x = \sin x\,(2\cos x)$$
$$\sin 3x = \sin x\,(4\,\overline{\cos x}^{\,2} - 1)$$
$$\sin 4x = \sin x\,(8\,\overline{\cos x}^{\,3} - 4\cos x)$$

$$\sin 5x = \sin x\,(16\overline{\cos x}^{4} - 12\,\overline{\cos x}^{2} + 1)$$

$$\sin 6x = \sin x\,(32\overline{\cos x}^{5} - 32\overline{\cos x}^{3} + 6\cos x)$$

$$\sin 7x = \sin x\,(64\overline{\cos x}^{6} - 80\overline{\cos x}^{4} + 24\overline{\cos x}^{2} - 1)$$

ꝛc.

Euler, welcher zuerst diese beiden Tabellen vermittelst der weiter oben auseinander gesetzten Methode gebildet hat, drückt das Gesetz derselben durch folgende Formeln aus:

$$\cos nx = 2^{n-1}\,\overline{\cos x}^{n} - \frac{n}{1}\,2^{n-3}\,\overline{\cos x}^{n-2} + \frac{n(n-3)}{1.2}\,2^{n-5}\,\overline{\cos x}^{n-4} - \frac{n(n-4)(n-5)}{1.2.3}\,2^{n-7}\,\overline{\cos x}^{n-6} + \frac{n(n-5)(n-6)(n-7)}{1.2.3.4}\,2^{n-9}\,\overline{\cos x}^{n-8} - \text{ꝛc.}$$

$$\sin nx = \sin x\Big(2^{n-1}\,\overline{\cos x}^{n-1} - \frac{n-2}{1}\,2^{n-3}\,\overline{\cos x}^{n-3} + \frac{(n-3)(n-4)}{1.2}\,2^{n-5}\,\overline{\cos x}^{n-5} - \frac{(n-4)(n-5)(n-6)}{1.2.3}\,2^{n-7}\,\overline{\cos x}^{n-7} + \frac{(n-5)(n-6)(n-7)(n-8)}{1.2.3.4}\,2^{n-9}\,\overline{\cos x}^{n-9} - \text{ꝛc.}\Big).$$

Es scheint, als ob diese Formeln auf eine Art Versuchsweise gefunden worden sind, indem man die einfachsten Funktionen des Zeigers n probirte, welche sich, indem man darin nacheinander $n=1$, $n=2$, $n=3$, ꝛc. setzte, in die numerischen Coeffizienten der entsprechenden Potenzen des $\cos x$ verwandeln konnten; und die der ersten Glieder, welche nichts als Potenzen der Zahl 2 sind, haben übrigens schon die Nothwendigkeit deutlich gemacht diese Potenzen in die allgemeinen Formeln einzuführen. Es ist indessen leicht, diese Formeln a posteriori zu beweisen, wenn man in die Gleichungen (1.) und (2.) die Reihen substituirt, welche sie liefern für $\cos(n-1)x$, und $\cos nx$, $\sin(n-1)x$, und $\sin nx$. Es werden daraus Reihen für $\cos(n+1)x$ und $\sin(n+1)x$ genau von derselben Form entstehen, woraus hervorgeht, daß, wenn das Gesetz wahr ist für die Zahlen $n-1$ und n, es ebenfalls wahr ist für die Zahl $n+1$, und daß es folglich hinreicht, wenn es für zwei aufeinander folgende Resultate in den Tabellen **I.** und **II.** festgesetzt ist, um es zur beliebig weiten Fortsetzung dieser Tabellen anwenden zu können.

Die letztern Entwickelungen von $\cos nx$ und $\sin nx$ müssen wohl unterschieden werden von den erstern (§. 47.): der Gebrauch der einen erheischt eine unnöthige Aufmerksamkeit bei der Anwendung der andern. Um zu einem genauen Resultat zu führen, erfordern die des §. 47., welche der Newton'schen Formel des Binoms ähnlich sind, blos die einfache Substitution des dem n gegebenen Werthes, und ihre Glieder annulliren sich von selbst, sobald man über diejenigen hinaus ist, welche zu der gesuchten Entwickelung gehören, während in allen Fällen die Formeln der vorigen Seite sich bis ins Unendliche fortsetzen, und ein falsches Resultat liefern, es sei denn, daß man die Glieder, in welchen der Exponent von $\cos x$ negativ ist, wegläßt, welches der analytische Ausdruck nicht ausdrücklich sagt.

Man erhält davon ein sehr einfaches Beispiel, wenn man $n = 1$ setzt in dem Ausdrucke von $\cos nx$, welches die unendliche Reihe liefert,

$$\cos x = \cos x - \frac{1}{4\cos x} - \frac{1}{16\cos x^3} - \frac{1}{32\cos x^5} - \text{etc.},$$

eine Gleichung, welche die Glieder der zweiten Seite, die nach dem ersten folgen, falsch macht, und es verhält sich eben so in allen andern Fällen; so daß man also diesen Formeln immer die Einschränkung beifügen muß, daß *sie nur für ganze Zahlen anwendbar sind, und daß man bei den Gliedern stehen bleiben muß, wo* $\cos x$ *mit einem negativen Exponenten behaftet ist.*

Diese Unvollkommenheit verdient bemerkt zu werden, weil sie sehr deutlich das geringe Gewicht beweißt, welches man auf die Folgerung legen darf, die aus der Untersuchung einzelner Werthe gezogen wird, deren Anzahl, da sie immer beschränkt ist, oft nur auf eine unvollkommene Weise das Gesetz darstellt, welches zwischen sämmtlichen Werthen der gesuchten Funktion herrscht; und man ersieht hieraus, wie ungenau der Gang derjenigen Schriftsteller ist, welche auf diese Weise die Entwickelung der Potenzen des Binoms festsetzen wollen, obgleich es sehr wahrscheinlich ist, daß Newton anfangs auf diese Weise darauf gekommen ist. In der That, so lange man nur einzelne Werthe betrachtet, können diese in die Rechnung Reduktionen oder Vereinfachungen einführen, von denen man sich nicht überzeugt, und die, da sie nicht Allgemein statt finden, die Natur des Ausdrucks gänzlich ändern. Gerade das ist hier der Fall; und Euler, welcher zuerst auf diese Art von Paradox aufmerksam machte, hat auch die Erklärung davon geliefert, indem er für die allgemeinen Entwickelungen von $\cos nx$ und $\sin nx$ zwei unendliche Reihen gefunden hat, welche auf eine solche Weise mit einander verknüpft sind, daß in den Fällen, wo n eine ganze und positive Zahl ist, blos die oben angeführten Ausdrücke übrig bleiben. Fuß und Lagrange haben, indem sie auf diesen wichtigen Gegenstand zurück kommen, die Untersuchungen Euler's bedeutend bestätigt und vereinfacht, durch Betrachtungen, welche natürlich ihre Stelle in diesem Werke finden werden, wenn ich über die Anwendung der Differentialrechnung auf die Entwickelung der Funktionen in Reihen sprechen werde.

In der That, wenn man zurück geht zu den Gleichungen

$$\cos nx = \frac{(\cos x + \sqrt{-1}\sin x)^n + (\cos x - \sqrt{-1}\sin x)^n}{2},$$

$$\sin nx = \frac{(\cos x + \sqrt{-1}\sin x)^n - (\cos x - \sqrt{-1}\sin x)^n}{2\sqrt{-1}},$$

welche unabhängig von jedem einzelnen Werthe von x und n gefunden sind, so sieht man, daß alle Untersuchungen, welche man sich über die Entwickelung von $\cos nx$ und $\sin nx$ vorlegen kann, auf derjenigen der Funktion $(\cos x \pm \sin x)^n$ beruhen, welche die Formen bekommt:

$$(\cos x \pm \sqrt{-1}\,.\,\sqrt{1 - \cos x^2})^n,$$
$$(\sqrt{1 - \sin x^2} \pm \sqrt{-1}\sin x)^n,$$

wenn man darin $\sin x$ oder $\cos x$ eliminirt, und sie kann alsdann auf vier Arten in eine Reihe entwickelt werden, nämlich in eine absteigende oder aufsteigende nach den Potenzen von $\cos x$, und in eine absteigende oder aufsteigende nach den Potenzen von $\sin x$.

§. 50.

Diese Umstände sind es, welche zu der Mannichfaltigkeit der Formeln Veranlassung gegeben haben, die man über diesen Gegenstand bei den verschiedenen Schriftstellern, welche sich damit befaßt haben, von Vieta an, findet; und das erste Elementarwerk, in welchem man die größte Zahl derselben zusammen zu stellen besorgt war, ist, so viel ich weiß, das, welches Mauduit im Jahre 1765 unter dem Titel: **Principes d'Astronomie sphérique** herausgegeben hat: man findet sie auch fast alle in den **Leçons sur le Calcul des fonctions** von Lagrange. Da der Leser begierig seyn könnte, diese verschiedenen Formeln näher zu haben, so habe ich sie in folgender Tabelle zusammen gestellt, in welcher

$$p = \cos x, \quad q = \sin x.$$

Absteigende Reihen.

I. Wenn n (willkührlich) entweder gerade oder ungerade ist.

$$\cos nx = \tfrac{1}{2}\Big((2p)^n - n(2p)^{n-2} + \frac{n(n-3)}{2}(2p)^{n-4} - \frac{n(n-4)(n-5)}{2\,.\,3}(2p)^{n-6} + \text{etc.}\Big)$$

$$\sin nx = q\left((2p)^{n-1} - (n-2)(2p)^{n-3} + \frac{(n-3)(n-4)}{2}(2p)^{n-5} - \frac{(n-4)(n-5)(n-6)}{2.3}(2p)^{n-7} + \text{ꝛc.}\right)$$

II. Wenn n ungerade ist.

$$\pm \sin nx = \tfrac{1}{2}\left((2q)^{n} - n(2q)^{n-2} + \frac{n(n-3)}{2}(2q)^{n-4} - \frac{n(n-4)(n-5)}{2.3}(2q)^{n-6} + \text{ꝛc.}\right)$$

$$\pm \cos nx = p\left((2q)^{n-1} - (n-2)(2q)^{n-3} + \frac{(n-3)(n-4)}{2}(2q)^{n-5} - \frac{(n-4)(n-5)(n-6)}{2.3}(2q)^{n-7} + \text{ꝛc.}\right)$$

III. Wenn n gerade ist.

$$\pm \cos nx = \tfrac{1}{2}\left((2q)^{n} - n(2q)^{n-2} + \frac{n(n-3)}{2}(2q)^{n-4} - \frac{n(n-4)(n-5)}{2.3}(2q)^{n-6} + \text{ꝛc.}\right)$$

$$\mp \sin nx = p\left((2q)^{n-1} - (n-2)(2q)^{n-3} + \frac{(n-3)(n-4)}{2}(2q)^{n-5} - \frac{(n-4)(n-5)(n-6)}{2.3}(2q)^{n-7} + \text{ꝛc.}\right)$$

Aufsteigende Reihen.

I. Wenn n ungerade ist.

$$\pm \cos nx = \left(np - \frac{n(n^2-1)}{2.3}p^3 + \frac{n(n^2-1)(n^2-9)}{2.3.4.5}p^5 - \frac{n(n^2-1)(n^2-9)(n^2-25)}{2.3.4.5.6.7}p^7 + \text{ꝛc.}\right)$$

$$\sin nx = \left(nq - \frac{n(n^2-1)}{2.3}q^3 + \frac{n(n^2-1)(n^2-9)}{2.3.4.5}q^5 - \frac{n(n^2-1)(n^2-9)(n^2-25)}{2.3.4.5.6.7}q^7 + \text{ꝛc.}\right)$$

$$\pm \sin nx = q\left(1 - \frac{(n^2-1)}{2}p^2 + \frac{(n^2-1)(n^2-9)}{2.3.4}p^4 - \frac{(n^2-1)(n^2-9)(n^2-25)}{2.3.4.5.6}p^6 + \text{ꝛc.}\right)$$

$$\cos nx = p\left(1 - \frac{(n^2-1)}{2}q^2 + \frac{(n^2-1)(n^2-9)}{2.3.4}q^4 - \frac{(n^2-1)(n^2-9)(n^2-25)}{2.3.4.5.6}q^6 + \text{rc.}\right)$$

II. Wenn n gerade ist.

$$\pm\cos nx = \left(1 - \frac{n^2}{2}p^2 + \frac{n^2(n^2-4)}{2.3.4}p^4 - \frac{n^2(n^2-4)(n^2-16)}{2.3.4.5.6}p^6 + \text{rc.}\right)$$

$$\cos nx = \left(1 - \frac{n^2}{2}q^2 + \frac{n^2(n^2-4)}{2.3.4}q^4 - \frac{n^2(n^2-4)(n^2-16)}{2.3.4.5.6}q^6 + \text{rc.}\right)$$

$$\mp\sin nx = q\left(np - \frac{n(n^2-4)}{2.3}p^3 + \frac{n(n^2-4)(n^2-16)}{2.3.4.5}p^5 - \frac{n(n^2-4)(n^2-16)(n^2-36)}{2.3.4.5.6.7}p^7 + \text{rc.}\right)$$

$$\sin nx = p\left(nq - \frac{n(n^2-4)}{2.3}q^3 + \frac{n(n^2-4)(n^2-16)}{2.3.4.5}q^5 - \frac{n(n^2-4)(n^2-16)(n^2-36)}{2.3.4.5.6.7}q^7 + \text{rc.}\right).$$

Diese vierzehn Reihen können auf zwei zurückgeführt werden; denn alle absteigenden Reihen ergeben sich aus den beiden ersten, und unter den aufsteigenden geben die erste, dritte, fünfte und siebente bezüglich die zweite, vierte, sechste und achte. Diese Umformung wird bewerkstelligt, wenn man statt des Bogens x sein Complement setzt.

Bezeichnet man den Quadranten des Kreises mit 1^q, und setzt $1^q - b$ statt x, so kommt für's Erste

$$\cos(1^q - b) = \sin b, \quad \sin(1^q - b) = \cos b;$$

aber um zu wissen, welchen Werthen alsdann cos nx und sin nx die sich in $\cos n(1^q - b)$ und $\sin(1^q - b)$ verwandeln, entsprechen, muß man die verschiedenen Formen der Zahl n untersuchen.

In dem Falle wo diese Zahl gerade ist, kann sie nur eine von folgenden beiden Formen haben: 4m+1 oder 4m+3. Multiplizirt man den Bogen $1^q - b$ mit diesen Zahlen, und zieht die ganzen Peripherien, die hier nicht in Rechnung kommen, ab, so erhält man (Lacroix's **Trigonom.**)

$\cos(1^q-(4m+1)b)=\quad\sin(4m+1)b,\ \sin(1^q-(4m+1)b)$
$=\quad\cos(4m+1)b$

$\cos(3^q-(4m+3)b)=-\sin(4m+3)b,\ \sin(3^q-(4m+3)b)$
$=-\cos(4m+3)b$

Ist die Zahl n gerade, so hat sie entweder die Form 4m oder 4m+2, und diese liefern folgende Relationen:

$\cos(4^q-4mb)\quad=\cos 4mb,\ \sin(4^q-4mb)=-\sin 4mb$

$\cos(2^q-(4m+2)b)=-\cos(4m+2)b,\ \sin(2^q-(4m+2)b)=$
$\sin(4m+2)b.$

Substituirt man diese Ausdrücke und ordnet die Resultate nach den verschiedenen Formen der Zahl n, und setzt wiederum x und nx statt des Bogens b und seines Vielfachen, so erhält man die angeführten Umformungen, welche sich ergeben, wie man sieht, durch die Verwandlung von cos x in sin x oder umgekehrt, auf der zweiten Seite jeder Formel, und durch die Verwandlung von cos nx in sin nx auf der ersten Seite, aber blos in dem Falle wo n ungerade ist.

Die Tabellen der Seite 115, welche durch die Induktion die beiden ersten absteigenden Reihen gegeben haben, liefern auch die aufsteigenden Reihen. Es reicht zu diesem Zwecke hin, ein jedes der Resultate, welche sie enthalten, so zu schreiben, daß man mit dem letzten Gliede anfängt. Die erste Tabelle führt zu der ersten und fünften aufsteigenden Reihe, und die zweite zu der dritten und siebenten aufsteigenden Reihe. Was die Zeichen betrifft, so entspricht die obere, in den Reihen wo n ungerade ist, dem Falle, in welchem diese Zahl die Form 4m+1 hat, die untere dem Falle, wo sie die Form 4m+3 hat; in den Formeln, in welchen n gerade ist, bezieht sich dieser Wechsel auf die Formen 4m und 4m+2.

§. 51.

Die in §. 47. gefundenen Entwickelungen von cos nx und sin nx erhalten eine sehr einfache Form, wenn man darin die Potenzen der Tangente einführt; und dieses wird bewerkstelligt, wenn man $\cos x^n$ als gemeinschaftlichen Faktor schreibt: man erhält alsdann:

$$\cos nx=\cos x^n\left(1-\frac{n(n-1)}{1.2}\frac{\sin x^2}{\cos x^2}+\frac{n(n-1)(n-2)(n-3)}{1.2.3.4}\frac{\sin x^4}{\cos x^4}-\text{ꝛc.}\right),$$

$$\sin nx=\cos x^n\left(\frac{n}{1}\frac{\sin x}{\cos x}-\frac{n(n-1)(n-2)}{1.2.3}\frac{\sin x^3}{\cos x^3}+\text{ꝛc.}\right),$$

und folglich

$$\cos nx = \cos x^n\left(1 - \frac{n(n-1)}{1.2}\operatorname{tg}x^2 + \frac{n(n-1)(n-2)(n-3)}{1.2.3.4}\operatorname{tg}x^4 - \text{ꝛc.}\right)$$

$$\sin nx = \cos x^n\left(\frac{n}{1}\operatorname{tg}x - \frac{n(n-1)(n-2)}{1.2.3}\operatorname{tg}x^3 + \text{ꝛc.}\right),$$

indem man $\operatorname{tg}x$ setzt statt $\frac{\sin x}{\cos x}$.

Dividirt man den letztern Ausdruck des $\sin nx$ durch den des $\cos nx$, so erhält man

$$\operatorname{tg}nx = \frac{\frac{n}{1}\operatorname{tg}x - \frac{n(n-1)(n-3)}{1.2.3}\operatorname{tg}x^3 + \frac{n(n-1)(n-2)(n-3)(n-4)}{1.2.3.4.5}\operatorname{tg}x^5 - \text{ꝛc.}}{-\frac{n(n-1)}{1.2}\operatorname{tg}x^2 + \frac{n(n-1)(n-2)(n-3)}{1.2.3.4}\operatorname{tg}x^4 - \text{ꝛc.}},$$

woraus man ohne Mühe die Entwickelung von $\operatorname{cotg} nx$ herleiten kann, welche anwendbar ist auf beliebige Werthe der Zahl n, so wie die vorige.

§. 52.

Wenn man in den Ausdrücken für $\sin nx$ und $\cos nx$ §. 47, $x = \frac{v}{n}$ macht, so werden sie

$$\sin v = n\left(\cos\frac{v}{n}\right)^{n-1}\sin\left(\frac{v}{n}\right) - \frac{n(n-1)(n-2)}{2.3}\left(\cos\frac{v}{n}\right)^{n-3}\left(\sin\frac{v}{n}\right)^3 + \frac{n(n-1)(n-2)(n-3)(n-4)}{2.3.4.5}\left(\cos\frac{v}{n}\right)^{n-5}\left(\sin\frac{v}{n}\right)^5 - \text{ꝛc.}$$

$$\cos v = \left(\cos\frac{v}{n}\right)^n - \frac{n(n-1)}{2}\left(\cos\frac{v}{n}\right)^{n-2}\left(\sin\frac{v}{n}\right)^2 + \frac{n(n-1)(n-2)(n-3)}{2.3.4}\left(\cos\frac{v}{n}\right)^{n-4}\left(\sin\frac{v}{n}\right)^4 - \text{ꝛc.}$$

Die Reihen, welche ihre zweiten Seiten bilden, sind in Bezug auf das Wachsthum von n der Grenzen fähig; denn wenn diese Zahl größer wird, nimmt der Bogen $\frac{v}{n}$ ab, und nähert sich mehr und mehr seinem sinus, während sein cosinus dem Radius oder der Einheit sich nähert: schreibt man also $\frac{v}{n}$ statt $\sin\frac{v}{n}$, 1 statt $\cos\frac{v}{n}$, und reduzirt die Produkte n, $n(n-1)$, $n(n-1)(n-2)$, ꝛc. auf ihr erstes Glied, so erhält man für die Grenze

$$\sin v = n\frac{v}{n} - \frac{n^3}{2.3}\frac{v^3}{x^3} + \frac{n^5}{2.3.4.5}\frac{v^5}{n^5} - \text{rc.} \ldots = v - \frac{v^3}{2.3} + \frac{v^5}{2.3.4.5} - \text{rc.}$$

$$\cos v = 1 - \frac{n^2}{2}\frac{v^2}{n^2} + \frac{n^4}{2.3.4}\frac{v^4}{n^4} - \text{rc.} \ldots = 1 - \frac{v^2}{2} + \frac{v^4}{2.3.4} - \text{rc.}$$

So sehen wir uns also zu den Reihen S. 94 zurück geführt; und man ersieht daraus, wie sich die verschiedenen Verfahrungsarten, welche wir zu ihrer Erlangung befolgt haben, die eine durch die andere bewahrheiten.

§. 53.

Die Betrachtung der Grenzen führt eben so schnell zu der Reihe, welche den Bogen durch seine Tangente ausdrückt. Zu diesem Behufe bemerke man, daß da die Grenze des Verhältnisses des Bogens zu seinem sinus die Einheit ist, die von $\frac{nx}{\sin nx}$ in Bezug auf die Abnahme von n ebenfalls die Einheit seyn wird; aber mit Rücksicht auf die Gleichung

$$\sin nx = \cos x^n \left(\frac{n}{1}\operatorname{tg} x - \frac{n(n-1)(n-2)}{1.2.3}\operatorname{tg} x^3 + \text{rc.}\right) \text{ (§. 51.)},$$

erhält man

$$\frac{nx}{\sin nx} = \frac{nx}{\cos x^n \left(\frac{n}{1}\operatorname{tg} x - \frac{n(n-1)(n-2)}{1.2.3}\operatorname{tg} x^3 + \text{rc.}\right)},$$

oder, wenn man Zähler und Nenner der zweiten Seite durch n dividirt

$$\frac{nx}{\sin nx} = \frac{x}{\cos x^n \left(\operatorname{tg} x - \frac{(n-1)(n-2)}{1.2.3}\operatorname{tg} x^3 + \text{rc.}\right)},$$

Geht man nun, nachdem dieses festgesetzt ist, zu den Grenzen über, so muß man für die erste Seite 1 setzen, und auf der zweiten n = o machen, und man erhält, mit Rücksicht darauf, daß $(\cos x)^o = 1$,

$$1 = \frac{x}{\left(\operatorname{tg} x - \frac{\operatorname{tg} x^3}{3} + \text{rc.}\right)},$$

woraus sich, wie §. 43, ergibt $x = \operatorname{tg} x - \frac{\operatorname{tg} x^3}{3} + \text{rc.}$

§. 54.

In den Paragraphen §. 47. und 49. sind die Sinus und Cosinus der vielfachen Bogen nach den Potenzen des Sinus und Cosinus des einfachen Bogens entwickelt worden; im Folgenden wird gezeigt, wie man die umgekehrte Frage auflösen kann, d. h. die Frage, in welcher es sich darum handelt, die Potenzen des Sinus und Cosinus des einfachen Bogens vermittelst der Sinus und Cosinus seiner Vielfachen zu ermitteln.

Es sey

$$\cos x + \sqrt{-1}\sin x = u,$$
$$\cos x - \sqrt{-1}\sin x = v,$$

so hat man

$$\cos x = \tfrac{1}{2}(u+v),\ \sin x = \frac{1}{2\sqrt{-1}}(u-v),$$

und hieraus folgt für's Erste

$$\cos x^n = \frac{1}{2^n}(u+v)^n.$$

Entwickelt man die angezeigte Potenz auf der zweiten Seite dieser Gleichung, so kommt

$$\cos x^n = \frac{1}{2^n}\left(u^n + nu^{n-1}v + \frac{n(n-1)}{2}u^{n-2}v^2 + \frac{n(n-1)(n-2)}{2.3}u^{n-3}v^3 + \text{etc.}\right);$$

aber in dem Ausdrucke $(u+v)^n$ kann man v in u, und umgekehrt, verwandeln, und dieses liefert

$$\cos x^n = \frac{1}{2^n}\left(v^n + nv^{n-1}u + \frac{n(n-1)}{2}v^{n-2}u^2 + \frac{n(n-1)(n-2)}{2.3}v^{n-3}u^3 + \text{etc.}\right),$$

addirt man diese beiden Resultate, so kommt

$$2\cos x^n = \frac{1}{2^n}\left(u^n + v^n + n(u^{n-1}v + v^{n-1}u) + \frac{n(n-1)}{2}(u^{n-2}v^2 + v^{n-2}u^2) + \frac{n(n-1)(n-2)}{2.3}(u^{n-3}v^3 + v^{n-3}u^3) + \text{etc.}\right).$$

Man kann dieser Gleichung folgende Form geben:

$$2^{n+1}\cos x^n = \left(u^n + v^n + nuv(u^{n-2} + v^{n-2}) + \frac{n(n-1)}{2}u^2v^2(u^{n-4} + v^{n-4}) + \frac{n(n-1)(n-2)}{2.3}u^3v^3(u^{n-6} + v^{n-6}) + \text{etc.}\right);$$

aber nach §. 47. hat man

$$\cos nx = \tfrac{1}{2}(\cos x + \sqrt{-1}\sin x)^n + \tfrac{1}{2}(\cos x - \sqrt{-1}\sin x)^n = \frac{u^n}{2} + \frac{v^n}{2},$$

und zwar für jeden beliebigen Werth von n: man kann hieraus schließen, daß

$$u^n + v^n = 2\cos nx,$$

und allgemein

$$u^{n-m} + v^{n-m} = 2\cos(n-m)x;$$

ferner ist leicht zu sehen, daß $uv = 1$: man hat folglich

$$2^{n+1}\cos x^n = \left(2\cos nx + 2n\cos(n-2)x + \frac{2n(n-1)}{1.2}\cos(n-4)x + \frac{2n(n-1)(n-2)}{2.3}\cos(n-6)x + \text{rc.}\right),$$

oder, wenn man beide Seiten durch 2 dividirt,

$$2^n\cos x^n = \left(\cos nx + \frac{n}{1}\cos(n-2)x + \frac{n(n-1)}{1.2}\cos(n-4)x + \frac{n(n-1)(n-2)}{1.2.3}\cos(n-6)x + \text{rc.}\right).$$

Setzt man diese Formel wie die des Newton'schen Binoms fort, so gelangt man zu Cosinus negativer Bogen; aber sie sind genau dieselben, mit denen ihrer entsprechenden positiven Bogen: man kann also $\cos(m-n)x$ statt $\cos(n-m)x$ schreiben.

Der Werth, welchen wir so eben für $\cos x^n$ gefunden haben, ist nicht blos auf den Fall beschränkt, wenn n eine ganze Zahl ist; er gilt eben so für die Fälle, wenn n gebrochen oder negativ ist. Uebrigens ist er im erstern Falle einer Vereinfachung fähig, die ich jetzt kennen lehren will,

In der Entwickelung von $(u+v)^n$ haben, wenn n eine ganze Zahl ist, die Glieder, welche gleich weit von den beiden äußersten abstehen, denselben Coeffizienten; dasselbe wird der Fall seyn in dem Ausdrucke

$$\cos nx + \frac{n}{1}\cos(n-2)x + \frac{n(n-1)}{1.2}\cos(n-4)x + \frac{n(n-1)(n-2)}{1.2.3}\cos(n-6)x + \text{rc.}$$

und außerdem gehören die Cosinus, welche von den beiden äußersten Gliedern dieser Formel gleich weit abstehen, zu gleichen Bogen. Denn da ein Glied, welches um eine Distanz m vom ersten absteht, mit $\cos(n-2m)x$ behaftet ist, so ist das letzte selbst mit $\cos(n-2n)x$ oder mit $\cos -nx$ behaftet; und geht man von diesem zurück bis zu demjenigen, welches um m Glieder von ihm absteht, so findet man nothwendig $\cos(-n+2m)x$, oder $\cos-(n-2m)x$: aber nach dem oben Gesagten, sind $\cos(n-2m)x$ und $\cos-(n-2m)x$ einander gleich. Es folgt hieraus, daß es unnöthig ist, die Formel bis zu den Gliedern, welche mit Cosinus negativer Bogen multiplizirt sind, auszudehnen, weil es, um letztere in Rechnung zu bringen, hinreicht, das Doppelte eines jeden Gliedes, welches Cosinus positiver Bogen enthält, zu nehmen.

Man kann also obige Formel, indem man bei dem Gliede stehen bleibt, wo die Bogen negativ werden, so schreiben:

$$2^n \cos x^n = \left(2\cos nx + \frac{2n}{1}\cos(n-2)x + \frac{2n(n-1)}{1.2}\cos(n-4)x + \text{ꝛc.}\right).$$

Man muß übrigens bemerken, daß wenn n eine gerade Zahl ist, die Formel ein mittleres Glied hat, welches gleich weit von den beiden äußersten absteht, und dessen Form ist

$$\frac{n(n-1)\ldots\ldots(n-\frac{n}{2}+1)}{1.2\ldots\ldots\frac{n}{2}}\cos(n-n)x:$$

Dieses Glied reduzirt sich, weil $\cos 0 = 1$, auf

$$\frac{n(n-1)\ldots\ldots\left(\frac{n}{2}+1\right)}{1.2\ldots\ldots\frac{n}{2}};$$

und weil es allein vorkommt, so darf es nicht mit 2 multiplizirt werden, wie die übrigen, es sey denn, daß man vorläufig nur die Hälfte nimmt, oder daß man setzt

$$\frac{1}{2}\left(\frac{n(n-1)\ldots\ldots\left(\frac{n}{2}+1\right)}{1.2\ldots\ldots\frac{n}{2}}\right).$$

Man erhält also als Endresultat

$$2^{n-1}\cos x^n = \left(\cos nx + \frac{n}{1}\cos(n-2)x + \frac{n(n-1)}{1.2}\cos(n-4)x + \frac{n(n-1)(n-2)}{1.2.3}\cos(n-6) + \text{ꝛc.}\right),$$

indem man nicht außer Acht läßt, in dieser Formel bei dem Gliede stehen zu bleiben, bei welchem man auf einen negativen Bogen stößt, und nur die Hälfte zu nehmen von dem Coeffizienten des Cosinus des Bogens Null, den man bekommen wird, wenn n eine gerade Zahl ist. Mit Rücksicht hierauf wird es leicht seyn, die Werthe der folgenden Tabelle zu bilden:

$$\cos x = \cos x$$
$$2\cos x^2 = \cos 2x + 1$$
$$4\cos x^3 = \cos 3x + 3\cos x$$
$$8\cos x^4 = \cos 4x + 4\cos 2x + 3$$
$$16\cos x^5 = \cos 5x + 5\cos 3x + 10\cos x$$
$$32\cos x^6 = \cos 6x + 6\cos 4x + 15\cos 2x + 10$$
$$64\cos x^7 = \cos 7x + 7\cos 5x + 21\cos 3x + 35\cos x$$
$$\text{rc.}$$

§. 55.

Um $\sin x^n$ zu entwickeln, bediene man sich der Gleichung
$$\sin x = \frac{1}{2\sqrt{-1}}(u-v),$$
und man erhält
$$\sin x^n = \frac{1}{(2\sqrt{-1})^n}(u-v)^n,$$
oder
$$\sin x^n = \frac{1}{(2\sqrt{-1})^n}\left(u^n - \frac{n}{1}u^{n-1}v + \frac{n(n-1)}{1.2}u^{n-2}v^2 - \frac{n(n-1)(n-2)}{1.2.3}u^{n-3}v^3 + \text{rc.}\right).$$

1. Es sey n eine gerade Zahl oder ein Bruch mit geradem Nenner; in diesem Falle ist $(u-v)^n = (v-u)^n$, und folglich hat man auch
$$\sin x^n = \frac{1}{(2\sqrt{-1})^n}(v-u)^n.$$
Entwickelt man die zweite Seite dieser Gleichung, und addirt sie zu der vorigen, so kommt
$$2\sin x^n = \frac{1}{(2\sqrt{-1})^n}\left(u^n + v^n - \frac{n}{1}(u^{n-1}v + v^{n-1}u) + \frac{n(n-1)}{1.2}(u^{n-2}v^2 + v^{n-2}u^2) - \frac{n(n-1)(n-2)}{1.2.3}(u^{n-3}v^3 + v^{n-3}u^3) + \text{rc.}\right)$$
oder
$$2\sin x^n = \frac{1}{(2\sqrt{-1})^n}\left(u^n + v^n - \frac{n}{1}uv(u^{n-2} + v^{n-2}) + \frac{n(n-1)}{1.2}u^2v^2(u^{n-4} + v^{n-4}) - \frac{n(n-1)(n-2)}{1.2.3}u^3v^3(u^{n-6} + v^{n-6}) + \text{rc.}\right)$$
ein Resultat, welches mit dem des vorigen Paragraphen, bis auf die Zeichen, übereinstimmt, wir können also sofort schreiben:

$$(2\sqrt{-1})^n \sin x^n = \left(\cos nx - \frac{n}{1}\cos(n-2)x + \frac{n(n-1)}{1.2}\cos(n-4)x\right.$$
$$\left. - \frac{n(n-1)(n-2)}{1.2.3}\cos(n-6)x + \text{rc.}\right).$$

Das Imaginäre verschwindet, weil n eine gerade Zahl ist; und man hat $(2\sqrt{-1})^n = \pm 2^n$, das obere Zeichen gilt, wenn n eine Doppelpaarzahl ist, d. h. ein Vielfaches von 4, und das untere, wenn es blos durch 2 theilbar ist.

Man wird über die zweite Seite dieser Gleichung dieselben Erörterungen zu führen im Stande seyn, wie im vorigen Paragraphen; und wenn n eine ganze Zahl ist, so wird man daraus schließen, daß man sich begnügen könne mit den Gliedern, in welchen nur positive Bogen vorkommen, nur lasse man nicht außer Acht das Doppelte eines jeden zu nehmen. Ferner, da n alsdann eine gerade Zahl ist, so wird ein Glied entstehen, welches vom cosinus befreit ist, und welches man nicht verdoppeln muß; dividirt man nun beide Seiten durch 2, so erhält man

$$\pm 2^{n-1}\sin x^n = \left(\cos nx - \frac{n}{1}\cos(n-2)x + \frac{n(n-1)}{1.2}\cos(n-4)x - \right.$$
$$\left. \frac{n(n-1)(n-2)}{1.2.3}\cos(n-6)x + \text{rc.}\right),$$

wobei man nicht außer Acht lasse, bei demjenigen Gliede stehen zu bleiben, in welchem der Bogen Null erscheint, und nur die Hälfte des Coeffizienten dieses Gliedes nimmt.

2. Ist n eine ungerade Zahl, alsdann kommt

$$(v-u)^n = -(u-v)^n;$$

folglich

$$\sin x^n = \frac{1}{(2\sqrt{-1})^n}(u-v)^n = -\frac{1}{(2\sqrt{-1})^n}(v-u)^n,$$

oder indem man entwickelt,

$$\sin x^n = \frac{1}{(2\sqrt{-1})^n}\left(-v^n + \frac{n}{1}v^{n-1}u - \frac{n(n-1)}{1.2}v^{n-2}u^2 + \right.$$
$$\left. \frac{n(n-1)(n-2)}{1.2.3}v^{n-3}u^3 - \text{rc.}\right).$$

Addirt man diese Entwickelung des $\sin x^n$ zu der der vorigen Seite, und vollzieht die nöthigen Reduktionen, so findet man:

$$2\sin x^n = \frac{1}{(2\sqrt{-1})^n}\left(u^n - v^n - \frac{n}{1}uv(u^{n-2} - v^{n-2}) + \frac{n(n-1)}{1.2}\right.$$
$$\left. u^2v^2(u^{n-4} - v^{n-4}) - \frac{n(n-1)(n-2)}{1.2.3}u^3v^3(u^{n-6} - v^{n-6}) + \text{rc.}\right);$$

da aber nach §. 47.

$$\sin nx = \frac{1}{2\sqrt{-1}}\left((\cos x+\sqrt{-1}\sin x)^n-(\cos x-\sqrt{-1}\sin x)^n\right)$$
$$= \frac{1}{2\sqrt{-1}}(u^n-v^n),$$

für jeden beliebigen Werth von n, so ist folglich auch allgemein

$$u^{n-m}-v^{n-m}=2\sqrt{-1}\sin(n-m)x,$$

und was das Produkt uv betrifft, so ist dieses immer der Einheit gleich: man erhält demnach

$$2\sin x^n=\frac{1}{2(\sqrt{-1})^{n-1}}\left(\sin nx-\frac{n}{1}\sin(n-2)x+\frac{n(n-1)}{1.2}\sin(n-4)x\right.$$
$$\left.-\frac{n(n-1)(n-2)}{1.2.3}\sin(n-6)x+\text{rc.}\right).$$

Die imaginäre Größe hat auf diese Formel eben so wenig Einfluß als auf die vorigen; denn da n eine ungerade Zahl ist, so ist

$$(2\sqrt{-1})^{n-1}=\pm 2^{n-1}.$$

Das obere Zeichen gilt, wenn $n-1$ ein Vielfaches von 4 ist, und das untere, wenn $n-1$ blos ein Vielfaches von 2 ist.

Man kann sich auch bei dieser Formel mit denjenigen Gliedern beschränken, in welchen die Sinus blos positiver Bogen vorkommen, indem man diese Glieder verdoppelt; denn es ist für's Erste klar, aus denselben Gründen wie vorhin, daß die Glieder, welche gleich weit von den beiden äußersten abstehen, denselben Coeffizienten haben, und daß in dem einen ein positiver, in dem andern ein negativer Bogen vorkommt. Zwar werden, da die Anzahl der Glieder der Formel gerade ist, und dieselben abwechselnd positiv und negativ sind, die entsprechenden Glieder entgegengesetzte Zeichen haben; aber es ist auch der Sinus eines negativen Bogens selbst negativ, und folglich findet sich diese Zeichenverschiedenheit aufgehoben und die Glieder, um welche es sich handelt, vereinigen sich in ein einziges.

Diesen Betrachtungen gemäß erhält man, nachdem durch 2 dividirt worden ist,

$$\pm 2^{n-1}\sin x^n=\left(\sin nx-\frac{n}{1}\sin(n-2)x+\frac{n(n-1)}{1.2}\sin(n-4)x\right.$$
$$\left.-\frac{n(n-1)(n-2)}{1.2.3}\sin(n-6)x+\text{rc.}\right).$$

Man wird leicht aus den beiden Formeln dieses Paragraphen die in der folgenden Tabelle enthaltenen Werthe herleiten.

$$
\begin{aligned}
\sin x &= \sin x \\
2\sin x^2 &= -\cos 2x + 1 \\
4\sin x^3 &= -\sin 3x + 3\sin x \\
8\sin x^4 &= \cos 4x - 4\cos 2x + 3 \\
16\sin x^5 &= \sin 5x - 5\sin 3x + 10\sin x \\
32\sin x^6 &= -\cos 6x + 6\cos 4x - 15\cos 2x + 10 \\
64\sin x^7 &= -\sin 7x + 7\sin 5x - 21\sin 3x + 35\sin x
\end{aligned}
$$

etc.

Das sind die Resultate für die Fälle, in welchen n eine ganze Zahl ist; wenn es ein Bruch wäre, so müßte man zu der ersten Formel des vorigen Paragraphen zurück gehen. Man müßte darin $x = 1^q - z$ setzen, welches gäbe $\cos x = \sin z$, und folglich wäre der Ausdruck von $\cos x^n$ vermittelst der Cosinus der Vielfachen von x einerlei mit dem von $\sin z^n$ vermittelst der Cosinus der Vielfachen von $(1^q - z)$, oder vom Complement des Bogens z.

§. 56.

Die im §. 33. gefundene Entwickelung von log u führt uns zu der eines Kreisbogens, geordnet nach den Sinus seiner Vielfachen. Setzt man nämlich in

$$\log u = u - u^{-1} - \left(\frac{u^2 - u^{-2}}{2}\right) + \left(\frac{u^3 - u^{-3}}{3}\right) - \left(\frac{u^4 - u^{-4}}{4}\right) + \text{etc.},$$

$u = e^{z\sqrt{-1}}$, so erhält man

$$\log e^{z\sqrt{-1}} = e^{z\sqrt{-1}} - e^{-z\sqrt{-1}} - \left(\frac{e^{2z\sqrt{-1}} - e^{-2z\sqrt{-1}}}{2}\right) + \left(\frac{e^{3z\sqrt{-1}} - e^{-3z\sqrt{-1}}}{3}\right) - \left(\frac{e^{4z\sqrt{-1}} - e^{-4z\sqrt{-1}}}{4}\right) + \text{etc.};$$

aber $\log e^{z\sqrt{-1}} = z\sqrt{-1}$, und folglich

$$z = \frac{e^{z\sqrt{-1}} - e^{-z\sqrt{-1}}}{\sqrt{-1}} - \tfrac{1}{2}\left(\frac{e^{2z\sqrt{-1}} - e^{-2z\sqrt{-1}}}{\sqrt{-1}}\right) + \tfrac{1}{3}\left(\frac{e^{3z\sqrt{-1}} - e^{-3z\sqrt{-1}}}{\sqrt{-1}}\right) - \tfrac{1}{4}\left(\frac{e^{4z\sqrt{-1}} - e^{-4z\sqrt{-1}}}{\sqrt{-1}}\right) + \text{etc.}:$$

dividirt man beide Seiten dieser Gleichung durch 2, so findet man

$$\tfrac{1}{2}z = \frac{e^{z\sqrt{-1}} - e^{-z\sqrt{-1}}}{2\sqrt{-1}} - \tfrac{1}{2}\left(\frac{e^{2z\sqrt{-1}} - e^{-2z\sqrt{-1}}}{2\sqrt{-1}}\right) + \tfrac{1}{3}\left(\frac{e^{3z\sqrt{-1}} - e^{-3z\sqrt{-1}}}{2\sqrt{-1}}\right) - \tfrac{1}{4}\left(\frac{e^{4z\sqrt{-1}} - e^{-4z\sqrt{-1}}}{2\sqrt{-1}}\right) + \text{etc.};$$

und da $\begin{cases} \frac{e^{z\sqrt{-1}} - e^{-z\sqrt{-1}}}{2\sqrt{-1}} = \sin z \\ \frac{e^{2z\sqrt{-1}} - e^{-2z\sqrt{-1}}}{2\sqrt{-1}} = \sin 2z \\ \text{rc.,} \end{cases}$

so folgt daraus

$$\tfrac{1}{2} z = \sin z - \tfrac{1}{2} \sin 2z + \tfrac{1}{3} \sin 3z - \tfrac{1}{4} \sin 4z + \text{rc.}$$

Macht man $z = 1^q$, so werden $\sin 2z$, $\sin 4z$, und im Allgemeinen alle Sinus der geraden Vielfachen gleich Null; es bleiben nur die ungeraden; aber man muß bemerken, daß sie abwechselnd positiv und negativ sind, daß also, da $\sin 1^q$ positiv ist, $\sin 3^q$ negativ, $\sin 5^q$ positiv, $\sin 7^q$ negativ, rc. ist. Mit Rücksicht hierauf findet man, daß der Bogen von

$$45^0 = 1 - \tfrac{1}{3} + \tfrac{1}{5} - \tfrac{1}{7} + \text{rc.},$$

ein Resultat, welches mit dem des §. 43. übereinstimmt.

§. 57.

Die Betrachtung der Sinus der vielfachen Bogen führt noch zu einer Entwickelung des Kreisbogens, welche eine von der vorigen sehr verschiedene Form hat, und welche man, so wie überhaupt den größten Theil der analytischen Untersuchung der Kreisfunktionen, Euler verdankt.

Da nämlich $\sin(x+z) = \sin x \cos z + \cos x \sin z$, so findet man, wenn man $z = x$ macht, $\sin 2x = 2 \sin x \cos x$. Setzt man $\frac{1}{2}x$ statt x, so kommt $\sin x = 2 \sin \frac{1}{2}x \cos \frac{1}{2}x$. Macht man aufs Neue dieselbe Substitution, so kommt $\sin \frac{1}{2}x = 2 \sin \frac{1}{4}x \cos \frac{1}{4}x$; setzt man diesen Werth von $\sin \frac{1}{2}x$ in den von $\sin x$, so erhält man $\sin x = 4 \sin \frac{1}{4}x \cos \frac{1}{2}x \cos \frac{1}{4}x$; aber indem man gerade wie vorhin verfährt, erhält man $\sin \frac{1}{4}x = 2 \sin \frac{1}{8}x \cos \frac{1}{8}x$; also $\sin x = 8 \sin \frac{1}{8}x \cos \frac{1}{2}x \cos \frac{1}{4}x \cos \frac{1}{8}x$. Man kann $\sin \frac{1}{8}x$ vermittelst der Gleichung $\sin \frac{1}{8}x = 2 \sin \frac{1}{16}x \cos \frac{1}{16}x$ wegschaffen; man erhält alsdann

$$\sin x = 16 \sin \tfrac{1}{16}x \cos \tfrac{1}{2}x \cos \tfrac{1}{4}x \cos \tfrac{1}{8}x \cos \tfrac{1}{16}x.$$

Man sieht, daß, wenn auf diese Weise fortgefahren wird, man jedes Mal einen neuen Cosinus einführt, und daß man im Allgemeinen erhalten wird

$$\sin x = 2^n \sin \frac{1}{2^n}x \cos \tfrac{1}{2}x \cos \tfrac{1}{4}x \cos \tfrac{1}{8} \cos \tfrac{1}{16}x \ldots \cos \frac{1}{2^n}x.$$

Aber je größer n wird, desto kleiner wird der Bogen $\frac{1}{2^n}x$, und desto weniger also wird er sich von seinen Sinus unterscheiden, und sein Cosinus wird um so näher der Einheit kommen; die Grenze des vorigen Ausdrucks wird also seyn

$$\sin x = x \cos\tfrac{1}{2}x \cos\tfrac{1}{4}x \cos\tfrac{1}{8}x \text{ ꝛc.}$$

Man erhält hieraus

$$x = \frac{\sin x}{\cos\frac{1}{2}x \cos\frac{1}{4}x \cos\frac{1}{8}x \text{ ꝛc}};$$

und weil $\frac{1}{\cos z} = \sec z$, so schließt man daraus ebenfalls

$$x = \sin x \sec\tfrac{1}{2}x \sec\tfrac{1}{4}x \sec\tfrac{1}{8}x \text{ ꝛc.}$$

Dieses Produkt nähert sich immer mehr einem endlichen Werthe; denn je kleiner der Bogen wird, desto mehr nähert sich die Sekante dem Radius oder der Einheit, und so nehmen also die Faktoren in ihrem Verlaufe immer mehr ab.

Nähme man die Logarithmen, so führte man das obige Resultat auf die Form einer gewöhnlichen Reihe zurück, denn man erhielte

$$\log x = \log\sin x + \log\sec\tfrac{1}{2}x + \log\sec\tfrac{1}{4}x + \log\sec\tfrac{1}{8}x + \text{ ꝛc.}$$

Es ist dieses nicht das einzige Beispiel einer Entwickelung, welche durch ein Produkt einer unendlichen Anzahl von Faktoren ausgedrückt ist; es gibt deren sehr viel andere, welche von den oben erhaltenen Reihen für e^x, $\sin x$, $\cos x$, ꝛc. abgeleitet werden; man wird sie im dritten Theile dieses Werkes finden, wo sie auf verschiedenen Wegen bewiesen werden.

Von der Umkehrung der Reihen.

§. 58.

Nachdem man den Ausdruck einer Größe in einer Reihe, geordnet nach den Potenzen einer andern Größe erhalten hat, kann man die Frage umkehren, indem man die zweite Größe als eine Funktion der ersten betrachtet, und ihre Entwickelung suchen. Nachdem man z. B. den Werth des Cosinus und des Sinus vermittelst der Potenzen des Bogens gefunden hat, kann man die des Bogens selbst verlangen. Die Fragen dieser Art machen den Gegenstand der Umkehrung der Reihen (retour des suites) aus. Ich will zuerst das Verfahren auseinander setzen, welches Newton, der sie zuerst lösete, uns in einem seiner Briefe an Oldemburg überliefert hat, weil es mir das einfachste scheint.

Es sey x ein Kreisbogen und y sein Sinus, so hat man (§. 39.)

$$y = x - \frac{x^3}{6} + \frac{x^5}{120} - \frac{x^7}{5040} + \text{etc.};$$

wenn man alle Potenzen von x mit Ausnahme der ersten eliminiren könnte, so erhielte man den Werth von x in y; dazu gelangt man sehr leicht auf folgende Weise:

Man berechne zuerst die dritte Potenz von y, entweder direkt, oder mit Hülfe der Formeln des §. 19, so wird man, nach vollzogener Reduktion finden $y^3 = x^3 - \frac{x^5}{2} + \frac{13}{120} x^7 - \text{etc.}$; eliminirt man zwischen dieser und der vorgegebenen Gleichung, x^3 als eine einzelne unbekannte Größe, so kommt

$$y + \frac{y^3}{6} = x - \left(\frac{1}{12} - \frac{1}{120}\right) x^5 + \left(\frac{13}{720} - \frac{1}{5040}\right) x^7 - \text{etc.},$$

und dieses gibt nach der Reduktion

$$y + \frac{y^3}{6} = x - \frac{3x^5}{40} + \frac{x^7}{56} - \text{etc.}$$

Bildet man darauf die fünfte Potenz von y, so erhält man

$$y^5 = x^5 - \frac{5x^7}{6} + \text{etc.};$$

und schafft man x^5 aus diesem Resultate weg, so findet man

$$y + \frac{y^3}{6} + \frac{3y^5}{40} = x - \left(\frac{1}{16} - \frac{1}{56}\right) x^7 + \text{etc.},$$

oder

$$y + \frac{y^3}{6} + \frac{3y^5}{40} = x - \frac{5x^7}{112} + \text{etc.};$$

es ist aber $y^7 = x^7 - \text{etc.}$: folglich

$$y + \frac{y^3}{6} + \frac{3y^5}{40} + \frac{5y^7}{112} = x + \text{etc.}$$

So sind wir also zur Entwickelung von x in y, und zwar bis zur siebenten Potenz von y, gelangt, und der zu diesem Behufe eingeschlagenen Weg ist deutlich genug, um ihn fortsetzen zu können, so weit man will. Berechnet man noch zwei Glieder mehr, so erhält man

$$y + \frac{1}{6} y^3 + \frac{3}{40} y^5 + \frac{5}{112} y^7 + \frac{35}{1152} y^9 + \frac{63}{2816} y^{11} + \text{etc.} = x.$$

Obgleich man nicht sogleich das Gesetz der verschiedenen Glieder in vorstehender Reihe erkennt, so wird man es doch entdecken, indem man die Coeffizienten und numerischen Divisoren in ihre einfachen Faktoren zerlegt, und alsdann kommt

$$y+\frac{y^3}{2.3}+\frac{3y^5}{2.4.5}+\frac{3.5.y^7}{2.4.6.7}+\frac{3.5.7.y^9}{2.4.6.8.9}+\frac{3.5.7.9.y^{11}}{2.4.6.8.10.11}+\text{rc.}=x.$$

Dieses ist der Ausdruck des Bogens x, entwickelt nach den Potenzen seines Sinus y.

Dieses Beyspiel möge einiger Maßen hinreichen um das Wesen der Methode kennen zu lernen; ich bemerke indeß, daß wenn man hätte

$$y=a+bx+cx^2+dx^3+\text{rc.},$$

so müßte, größerer Bequemlichkeit wegen, die bestimmte Größe a auf die andere Seite gesetzt und $y-a=z$ gesetzt werden, und dieses gäbe

$$z=bx+cx^2+dx^3+\text{rc.},$$

und das Resultat würde alsdann nach den Potenzen von z fortschreiten. Ohne diese vorgängige Operation würde jede Potenz von y neue von x unabhängige Glieder hervorbringen; und es entstände hieraus eine unbestimmte Reihe für das erste Glied der gesuchten Entwickelung.

Wenn die vorgegebene Reihe die erste Potenz von x nicht enthält, so erhielte man blos den Werth der niedrigsten Potenz, und man müßte also aus dem Resultate die durch den Grad jener Potenz angegebene Wurzel ausziehen, was leicht zu bewerkstelligen wäre vermittelst der Formeln des §. 19.

Einer der bedeutendsten Vortheile des Verfahrens, welches uns jetzt beschäftigt, besteht darin, daß es direkt zu der Form der gesuchten Reihe führt. Es sey z. B.

$$z=ax^2+bx^3+cx^4+\text{rc.}:$$

man eliminire für's Erste x^3; zu diesem Behufe muß man z auf eine solche Potenz erheben, daß das erste Glied mit x^3 behaftet ist. Gesetzt diese Bedingung sey erfüllt durch die Entwickelung von z^m; man hat alsdann nothwendig $z^m=a^m x^{2m}+\text{rc.}$, es muß folglich $2m=3$ oder $m=\frac{3}{2}$ seyn. Man erhebe also die Reihe, welche z ausdrückt, auf die Potenz $\frac{3}{2}$, was leicht bewerkstelligt werden kann, indem man ihr folgende Form gibt:

$z=x^2(a+bx+cx^2+\text{rc.})$, und man erhält

$$z^{\frac{3}{2}}=a^{\frac{3}{2}}x^3+\tfrac{3}{2}ba^{\frac{3}{2}-1}x^4+\text{rc.}$$

Schafft man x^3 vermittelst dieser Gleichung weg, so bleiben blos x^2, x^4 und höhere Potenzen. Erhebt man z ins Quadrat, so erhält man ein Resultat, welches zur Elimination von x^4 dient. Diese Operation kann wirklich ohne Schwierigkeit ausgeführt werden, selbst wenn es noch nöthig wäre, den Werth von z auf Bruchpotenzen zu erheben.

Die durch z vorgestellte Größe könnte selbst eine Reihe seyn, geordnet nach den Potenzen von y, ohne daß in diesem Falle das Verfahren geändert werden müßte; es wäre dann blos nöthig, die Entwickelungen der verschiedenen Potenzen von z in Bezug auf y zu ordnen, indem man von der ersten dieser Größen zur zweiten zurückginge.

Hätte man endlich zwei Reihen folgender Art

$$\begin{cases} z = ax + bx^2 + cx^3 + \text{ꝛc.} \\ t = a'x + b'x^2 + c'x^3 + \text{ꝛc.}, \end{cases}$$

so könnte man durch dieselbe Methode die Entwickelung von z in t, und umgekehrt, finden.

Um z. B. z zu erhalten, nehme man den Werth von x in t in der zweiten Reihe, und substituire ihn in die erste. Das Resultat dieser Operation wird blos das Quadrat und höhere Potenzen von x enthalten. Man erhebe dann die zweite Reihe ins Quadrat, und nehme daraus einen Werth von x^2 in t^2, x^3, x^4, ꝛc., welcher das Mittel darbieten wird, x^2 aus dem vorigen Resultate wegzuschaffen: fährt man auf diese Weise fort, so wird man sich nach und nach der verschiedenen Potenzen von x entledigen. Das Verfahren, welches ich eben angezeigt habe stimmt mit demjenigen überein, welches man gewöhnlich zur Elimination befolgt, mit dem Unterschiede aber, daß man, anstatt mit der Wegschaffung derjenigen Glieder zu beginnen, die den höchsten Exponenten haben, hier mit denen beginnt, deren Exponent der kleinste ist.

Folgendes ist nun eine allgemeine Formel, welche alle Fälle umfaßt, in welchen die Exponenten der Potenzen von x eine Differenzenprogression bilden. Es sey

$$y = k + ax + bx^2 + cx^3 + dx^4 + ex^5 + \text{ꝛc.}$$

Setzt man k auf die andere Seite, und macht, der Kürze wegen $y - k = z$, so erhält man

$$z = ax + bx^2 + cx^3 + dx^4 + ex^5 + \text{ꝛc.} \ldots\ldots (1.)$$

Berechnet man die Werthe von z^2, z^3, z^4, so kann man nacheinander x^2, x^3, x^4 eliminiren, so wie wir dieses in den vorigen Beispielen bewerkstelliget haben, und man wird finden:

$$x = \frac{1}{a} z - \frac{b}{a^3} z^2 + \left(\frac{2b^2 - ac}{a^5}\right) z^3 - \left(\frac{5b^3 - 5abc + a^2d}{a^7}\right) z^4 +$$
$$+ \left(\frac{14b^4 - 21ab^2c + 6a^2bd + 3a^2c^2 - a^3e}{a^9}\right) z^5 + \text{ꝛc.}$$

§. 59.

Man kann zu demselben Resultate auch durch die Methode der unbestimmten Coeffizienten gelangen, indem man setzt

$$x = Az + Bz^2 + Cz^3 + Dz^4 + Ez^5 + \text{ꝛc.},$$

und mittelst der Formeln des §. 19. die Werthe von x^2, x^3, x^4, x^5, ꝛc. berechnet, um sie in die Gleichung (1.) zu substituiren. Wenn diese Operationen ausgeführt sind, so versetze man die erste Seite auf die zweite, und setze alle Glieder, die mit derselben Potenz von z behaftet sind, gleich Null, so wird diese Operation die nöthigen Gleichungen zur Bestimmung der Coeffizienten A, B, C, ꝛc. liefern. Ich halte mich bei den Einzelheiten dieser Rechnung nicht auf, da bisher schon eine große Anzahl von Beispielen davon vorgekommen; indessen will ich den Gang des Verfahrens vorzeichnen, welches zur Herleitung des Werthes von z dient aus der Gleichung

$$\alpha z + \beta z^2 + \gamma z^3 + \delta z^4 + \text{ꝛc.} = ax + bx^2 + cx^3 + dx^4 + \text{ꝛc.},$$

die aus zwei unendlichen Reihen gebildet ist.

Wenn man, nachdem angenommen ist

$$x = Az + Bz^2 + Cz^3 + Dz^4 + \text{ꝛc.},$$

die Potenzen dieser letztern Reihe entwickelte, sey es nun durch die Formel der Seite 30, oder durch successive Multiplikationen, so würde die unmittelbare Substitution dieser Potenzen nur zu unsymmetrischen Resultaten führen, der Art, wie das am Schlusse des vorigen Paragraphen, nach welchem es unmöglich wäre, den Werth von x über die schon gefundenen Glieder hinaus weiter auszudehnen. Folgendes ist ein Verfahren, welches zwar das Unbequeme hat, die Ausführung noch vieler Rechnung nöthig zu machen, das aber wenigstens das Gesetz deutlich macht, welches jene Rechnungen untereinander verbindet, und zugleich das Mittel, sie durch symmetrische Formeln so weit zu treiben als man will.

Man setze für's Erste

$$\begin{aligned}
x &= A_1 z + B_1 z^2 + C_1 z^3 + D_1 z^4 + \text{ꝛc.},\\
x^2 &= A_2 z^2 + B_2 z^3 + C_2 z^4 + D_2 z^5 + \text{ꝛc.},\\
x^3 &= A_3 z^3 + B_3 z^4 + C_3 z^5 + D_3 z^6 + \text{ꝛc.},\\
&\ldots\ldots\ldots\ldots\ldots\ldots\\
x^n &= A_n z^n + B_n z^{n+1} + C_n z^{n+2} + D_n z^{n+3} + \text{ꝛc.},
\end{aligned}$$

wo die Buchstaben A_n, B_n, C_n, ꝛc. die Coeffizienten der $n$ten Potenz des Polynoms

$$A_1 z + B_1 z^2 + C_1 z^3 + D_1 z^4 + \text{ꝛc.} = z(A_1 + B_1 z + C_1 z^2 + D_1 z^3 + \text{ꝛc.})$$

bezeichnen, und alsdann in die vorgegebene Gleichung die Entwickelungen der Potenzen von x. Bringt man alle Glieder auf eine Seite, so kommt

$$\left.\begin{array}{r} aA_1z + aB_1z^2 + aC_1z^3 + aD_1z^4 + \text{ꝛc.} \\ + bA_2z^2 + bB_2z^3 + bC_2z^4 + \text{ꝛc.} \\ + cA_3z^3 + cB_3z^4 + \text{ꝛc.} \\ + dA_4z^4 + \text{ꝛc.} \\ + \text{ꝛc.} \\ -\alpha z - \beta z^2 - \gamma z^3 - \delta z^4 \quad - \text{ꝛc.} \end{array}\right\} = 0;$$

und hieraus leitet man her

$$\begin{array}{ll} aA_1 - \alpha = 0 & A_1 = \frac{\alpha}{a} \\ aB_1 + bA_2 - \beta = 0 & B_1 = \frac{\beta - bA_2}{a} \\ aC_1 + bB_2 + cA_3 - \gamma = 0 & C_1 = \frac{\gamma - bB_2 - cA_3}{a} \\ aD_1 + bC_2 + cB_3 + dA_4 - \delta = 0 & D_1 = \frac{\delta - bC_2 - cB_3 - dA_4}{a} \\ \text{ꝛc.} & \text{ꝛc.} \end{array}$$

Gleichungen, deren Gesetz klar ist, und welche zuerst A_1 bestimmen, alsdann B_1 durch A_2, C_1 durch B_2 und A_3, D_1 durch C_2, B_3 und A_4, ꝛc., so daß jeder Coeffizient des Werthes von x abhängig ist von den vorhergehenden Coeffizienten, welche berechnet sind für die Potenzen, deren höchster Exponent dem Range gleich ist, den der gesuchte Coeffizient einnimmt.

Die vorhergehenden Coeffizienten berechnet man vermittelst der Gleichungen am Anfange der Seite 30 zu diesem Behufe reicht es hin, in denselben

$$a, b, c, d, \text{ꝛc. } A_1, B_1, C_1, D_1, \text{ꝛc.}$$

zu verwandeln, weil man die Entwickelung von

$$(A_1 + B_1z + C_1z^2 + D_1z^3 + \text{ꝛc.})^n = A_n + B_nz + C_nz^2 + D_nz^3 + \text{ꝛc.}$$

bilden will: schreibt man also

$$A_n, B_n, C_n, D_n, \text{ꝛc. statt } A, B, C, D, \text{ꝛc.}$$

in den angeführten Gleichungen, so werden sie

$$\begin{array}{l} A_n = A_1{}^n \\ A_1B_n = nB_1A_n \\ 2A_1C_n = (n-1)B_1B_n + 2nC_1A_n \\ 3A_1D_n = (n-2)B_1C_n + (2n-1)C_1B_n + 3nD_1A_n \\ 4A_1E_n = (n-3)B_1D_n + (2n-2)C_1C_n + (3n-1)D_1B_n + 4nE_1A_n \\ 5A_1F_n = (n-4)B_1E_n + (2n-3)C_1D_n + (3n-2)D_1C_n + (4n-1)E_1B_n + 5nF_1A_n \\ \text{ꝛc.} \end{array}$$

Setzt man darin nacheinander $n=2$, $n=3$, $n=4$, rc., so erhält man daraus den Werth von A_2 um ihn in den von B_1 (s. d. vorige Seite) zu substituiren; die Werthe von B_2 und A_3, um sie in den von C_1 zu substituiren, und eben so die übrigen. Führt man diese Rechnungen aus, und behält der Abkürzung wegen, in dem Ausdrucke eines jeden der Coeffizienten A_1, B_1, C_1, rc. die Buchstaben bei, welche die vorhergehenden Coeffizienten bezeichnen, und läßt die Marken 1 weg, da deren keine andern bleiben, so findet man

$$x=\frac{\alpha}{a}z+\frac{\beta-bA^2}{a}z^2+\frac{\gamma-2bAB-cA^3}{a}z^3$$
$$+\frac{\delta-bB^2-2bAC-3cA^2B-dA^4}{a}z^4$$
$$+\frac{\varepsilon-2bBc-2bAD-3cAB^2-3cA^2C-4dA^3B-eA^5}{a}z^5$$
$$+\frac{\zeta-2bBD-bC^2-2bAE-cB^3-bcABC-3cA^2D-bdA^2B^2-4dA^3C-5eA^4B-fA^6}{a}z^6$$
$$+ \text{rc.}$$

eine Entwickelung, welche Moivre in den **Philosophical Transactions** für das Jahr 1698, S. 190 mitgetheilt, und deren Gesetz er angegeben hat.

Die Form, welche ich oben den Gleichungen gegeben, von denen die Umkehrung der Reihen abhängt, zeigt, wie sehr man die Rechnung vereinfachen würde durch Anwendung eines Verfahrens, vermittelst dessen man leicht die verschiedenen Coeffizienten der Potenzen des Polynoms A_1+B_1z+ rc., und zwar den einen vom andern ableiten könnte; gerade dieses ist es, was die deutschen Analysten gethan haben, indem sie ihre Untersuchungen auf die Entwickelung dieser Potenzen wendeten; aber schon vor ihren Arbeiten hatte man mittelst der Differentialrechnung mehrere regelmäßige Formeln hergeleitet, um von einer Reihe zu ihrer Umkehrung zu gelangen; aus diesem Grunde werde ich mich für jetzt nicht weiter mit diesem Gegenstande befassen. Diejenigen, welche spezielle Anwendungen desselben machen wollen, finden in der zweiten Ausgabe der Trigonometrie von Cagnoli S. 46 die Reihe, welche ich S. 103 mitgetheilt habe, bis zu neuen Gliedern berechnet, und die Moivre'sche Entwickelung geht in dieselbe über, wenn man $\alpha=1$ nimmt, und die Größen β, γ, δ, rc. gleich Null setzt.

Entwickelungen der Funktionen, welche durch Gleichungen gegeben sind, in denen die unbekannten Größen unter einander gemischt vorkommen.

§. 60.

Bis jetzt war die Form der Reihe mit unbestimmten Coeffizienten, welche zur vorläufigen Darstellung der gesuchten Entwickelung diente, leicht vorherzusehen, entweder durch Untersuchung der einzelnen Fälle, oder durch die Einfachheit der Gleichung, welcher Genüge geschehen mußte; aber wenn diese Gleichung Glieder enthält, in welchen die Funktion und die veränderliche Größe, von der sie abhängt, unter einander verknüpft sind, so offenbart sich das Gesetz, welches die Exponenten der veränderlichen Größe in den verschiedenen Gliedern befolgen müssen, nur durch eine besondere Untersuchung. Man könnte dasselbe wohl auffinden, indem man die gegebene Gleichung in Bezug auf die vorgegebene Funktion auflösete, und die in dem Ausdrucke ihrer Wurzeln enthaltenen Wurzelgrößen entwickelte; aber dieses Mittel wäre nicht mehr brauchbar, wenn sie den vierten Grad überstiege, und würde schon für den dritten sehr wenig bequem seyn, wegen der Multiplikation der Wurzelgrößen. Wir wollen also nun sehen, wie man diese Schwierigkeit überwunden hat.

Welches auch immer die Form der gesuchten Entwickelung seyn mag, so wird, wenn man sie als zusammengesetzt annimmt aus einer Reihe von Monomen, irgend ein Glied derselben vorgestellt werden können durch Ax^{α}, so daß man im Allgemeinen hat

$$y = Ax^{\alpha} + Bx^{\beta} + Cx^{\gamma} + \text{2c.}$$

wo die Exponenten α, β, γ, 2c. irgend welche Zahlen seyn können. Nun hat man aber bei der Entwickelung einer Funktion fast immer zum Zwecke, einen annähernden Werth derselben zu finden, wozu erforderlich ist, daß die Reihe, zu welcher man gelangt, konvergent ist: dieser letztern Bedingung aber kann im Allgemeinen nur dann Genüge geschehen, wenn die Größe x entweder sehr klein oder sehr groß ist. Im ersten Falle ist es einleuchtend, daß die Exponenten α, β, γ, 2c. positiv und nach der Folge ihrer respektiven Größe geordnet seyn müssen, indem man mit dem kleinsten beginnt; im zweiten dagegen müssen sie negativ seyn, oder es wenigstens endlich werden, und wenn es also positive unter ihnen gibt, so muß man sie zuerst schreiben, und mit dem größten anfangen.

Die analytischen Annäherungsmethoden haben die größte Aehnlichkeit mit denen, welche die Anwendung der Dezimalbrüche in die Arithmetik eingeführt hat, und welche darin bestehen, allmählig die Ziffern der höchsten Ordnung aufzusuchen, und die der niedrigern Ordnungen außer Acht zu lassen. Die Zahlen sind, gerade durch die Folge der Ziffern, welche sie ausdrücken, nach den Potenzen von 10 geordnet *); man urtheilt über den Werth der gefundenen Ziffern und den der zu findenden, oder zu vernachläßigenden, nach der Stelle, die sie einnehmen, und die beträchtlichern stellen sich zuerst dar: man ordne also auch die algebraischen Ausdrücke, um zuerst die größern Glieder zu finden, und dann die kleinern; aber dieses kann nicht geschehen, ohne vorher für die eine der Größen, welche in dem betrachteten Ausdrucke vorkommen, einen Grad von Größe festgesetzt zu haben.

Es scheint nicht leicht, die größern Glieder in einem Ausdrucke zu erkennen, welcher in seinen Verlaufe zwei gegebene veränderliche Größen, die eine mit der andern verknüpft, enthält; von der Art wäre z. B. die Gleichung

$$ax^{\alpha}y^{\alpha'} + bx^{\beta}y^{\beta'} + cx^{\gamma}y^{\gamma'} + \text{etc.} = 0.$$

Die Größen x und y sind hier unter einander verknüpft auf eine Weise, die, obgleich bestimmt, dennoch nicht beim ersten Blick zu entscheiden gestattet, welchen Einfluß die Aenderungen der einen auf die andere hat; und es wird oft der Fall seyn, daß sie gerade in entgegengesetztem Sinne fortschreiten, so daß, wenn die erste sehr klein ist, die andere sehr groß seyn wird, und umgekehrt; oder daß, wenn die eine sehr schnell abnimmt, die andere inzwischen sehr wenig kleiner wird.

Die Geometer haben verschiedene Mittel ersonnen, und unter den Gliedern einer Gleichung diejenigen zu erkennen, welche die größten sind. Newton erfand das analytische Parallelogramm, welches v. Gua später auf ein Dreieck zurückführte: Taylor wandte eine geometrische Konstruktion an; aber Lagrange hat ein sehr einfaches und bequemes analytisches Verfahren mitgetheilt **), welches ich jetzt kennen lehren will.

§. 61.

Gesetzt man habe irgend eine Gleichung

$$ax^{m}y^{n} + a'x^{m'}y^{n'} + a''x^{m''}y^{n''} + a'''x^{m'''}y^{n'''} + \text{etc.} = 0;$$

*) Die Zahl 349,537 z. B. ist nichts Anderes als

$$3(10)^2 + 4(10)^1 + 9(10)^0 + 5(10)^{-1} + 3(10)^{-2} + 7(10)^{-3}.$$

**) Mémoires de l'Academie de Berlin, an. 1776, pag. 238.

bezeichnet man mit Ax^{α} das erste Glied der Entwickelung von y, und nimmt x sehr klein an, so reicht es hin, auf jenes Glied Rücksicht zu nehmen, welches den größten Theil des Werthes von y ausmacht. Substituirt man es für jene veränderliche Größe in die vorgegebene Gleichung, so findet man

$$aA^{n}x^{m+n\alpha}+a'A^{n'}x^{m'+n'\alpha}+a''A^{n''}x^{m''+n''\alpha}+a'''A^{n'''}x^{m'''+n'''\alpha} + \text{rc.} = 0.$$

Da diese Gleichung nur annäherungsweise statt finden kann, so muß man die Glieder nach der Folge ihrer Größe, welche durch den Exponenten, womit sie behaftet sind, angegeben wird, ordnen, und nur diejenigen beibehalten, welche vom niedrigsten Grade sind; nun kann dieses aber so lange nicht geschehen, als der Exponent α unbekannt ist. Um ihn zu bestimmen, bemerke man, daß, da wir nur die niedrigen Potenzen von x in Anschlag bringen, welches übrigens auch der Werth dieser veränderlichen Größe sey, der vorliegenden Gleichung nur dann Genüge geschehen könne, wenn sich zwei unter einander vergleichbare Glieder darin finden, d. h. die von demselben Grade sind, und deren Exoonent kleiner ist als der der übrigen.

Es handelt sich also nur darum für α einen Werth zu finden, welcher zwei der Zahlen

$$m+n\alpha,\ m'+n'\alpha,\ m''+n''\alpha,\ m'''+n'''\alpha,\ m^{IV}+n^{IV}\alpha,\ \text{rc.}$$

einander gleich und kleiner als alle übrigen macht.

Jede Gleichung, die man bilden kann, indem man je zwei der vorliegenden Zahlen einander gleich setzt, gäbe einen Werth für α, welcher der ersten Bedingung Genüge leistete, und den man substituiren müßte in $m+n\alpha$, $m'+n'\alpha$, rc., um sich zu vergewissern, daß er der zweiten genüge; verfährt man aber auf diese Weise, so würde man sehr viele zwecklose Combinationen machen, die man auf folgende Weise vermeiden kann.

Setzt man blos das erste Glied einem jeden der folgenden gleich, um daraus verschiedene Werthe von α herzuleiten, die man mit α', α'', α''', rc. bezeichne, so kommt

$$\alpha'=\frac{m'-m}{n-n'},\ \alpha''=\frac{m''-m}{n-n''},\ \alpha'''=\frac{m'''-m}{n-n'''},\ \text{rc.}$$

Anstatt einen jeden dieser Werthe einzeln zu versuchen, wollen wir in der Reihe

$$m+n\alpha,\ m'+n'\alpha,\ m''+n''\alpha,\ m'''+n'''\alpha,\ \text{rc.}\ldots\ldots(1.)$$

den Ausdruck der Differenzen zwischen dem ersten Gliede und jedem übrigen suchen, alsdann kommt:

$$m'-m+(n'-n)\alpha,\ m''-m+(n''-n)\alpha,\ m'''-m+(n'''-n)\alpha,\ \text{rc.};$$

aber vermittelst der vorhin für α gefundenen Werthe hat man

$m' - m = -\alpha'(n' - n)$; $m'' - m = -\alpha''(n'' - n)$, $m''' - m = -\alpha'''(n''' - n)$, ꝛc.

und mithin können die obigen Differenzen auf folgende Weise ausgedrückt werden:

$(n' - n)(\alpha - \alpha')$, $(n'' - n)(\alpha - \alpha'')$, $(n''' - n)(\alpha - \alpha''')$, ꝛc.

Setzt man der Kürze wegen $m + n\alpha = \pi$, so erhält die Reihe (1.) folgende Form

π, $\pi + (n' - n)(\alpha - \alpha')$, $\pi + (n'' - n)(\alpha - \alpha'')$, $\pi + (n''' - n)(\alpha - \alpha''')$, ꝛc. (2);

und da man die Glieder der vorgegebenen Gleichung immer so ordnen kann, wie man will, so schreibe man sie so, daß die Zahlen n, n', n'', n''', ꝛc. eine steigende Progression bilden, wodurch die Größen $n' - n$, $n'' - n$, $n''' - n$, ꝛc. positiv werden. Bei so bewandten Umständen sieht man deutlich, daß, wenn man α den größten der durch α', α'', α''', ꝛc. vorgestellten Werthe gibt, das Glied, welches diesem Werthe entspricht, dem ersten, π, gleich wird, und kleiner als alle übrigen. In der That, wenn man um das Verfahren bestimmt zu machen, annimmt, es sey α''', so wird das vierte Glied der Reihe (2.) sich auf π reduziren, und man wird zugleich sehen, daß die Größen $(n' - n)(\alpha - \alpha')$, $(n - ''n)(\alpha - \alpha'')$, ꝛc. alle positiv seyn werden.

Die größte der Größen α', α'', α''', ꝛc. leistet also den beiden verlangten Bedingungen Genüge.

Wenn die vorgegebene Frage noch andere Auflösungen hat, so kann dies nur durch kleinere Zahlen geschehen, als die ist, welche wir eben gefunden haben, denn wenn man in der Reihe (2.) statt α eine größere Zahl als α''' substituirte, welche letztere nach der Voraussetzung die andern Werthe α', α'', α^{IV}, ꝛc. übersteigt, so würde das erste Glied kleiner als alle folgenden, und folglich wäre die erste Bedingung nicht mehr erfüllt.

Gesetzt nun, man nähme für α eine kleinere Zahl als α''', so werden die Glieder π, $\pi + (n' - n)(\alpha - \alpha')$, $\pi + (n'' - n)(\alpha - \alpha'')$ größer als $\pi + (n''' - n)(\alpha - \alpha''')$, denn die Differenz $\alpha - \alpha'''$ wäre negativ und überträfe alle negativen Differenzen, welche sich unter den vorigen finden könnten; ferner ist sie multiplizirt mit der Größe $n''' - n$, welche ebenfalls die Größen $n' - n$ und $n'' - n$ übertrifft, da die Zahlen n, n', n'' eine steigende Progression bilden. Es folgt hieraus, daß man von allen Gliedern, die demjenigen vorhergehen, in welchem sich der größte der Werthe α', α'', α''', ꝛc. findet, absehen muß. Betrachtet man diejenigen, die ihm folgen, so sieht man, daß die kleinsten derselben kleiner werden können, als die ersten, weil man in den Differenzen $\alpha - \alpha^{IV}$, $\alpha - \alpha^{V}$, ꝛc. sich negative finden, so werden sie, da sie multiplizirt sind durch die Zahlen $n^{IV}-n$, $n^{V}-n$, 2c., welche größer sind als ihre entsprechenden im andern Theile der Reihe, negative Resultate geben, welche diejenigen übertreffen werden, die man in den dem vierten vorhergehenden Gliedern gefunden hätte.

Man schließt also hieraus, daß man um eine zweite Auflösung zu erhalten, blos das Glied in Anschlag bringen muß, welches den größten Werth von α enthält, und auf diejenigen, die nach ihm kommen. Bei der festgesetzten Annahme, wo α''' der größte Werth war, wird das Glied, welches ihn liefert, ausgedrückt durch $m'''+n'''\alpha$ in der Reihe (1.); man muß also die neue Reihe $m'''+n'''\alpha$, $m^{IV}+n^{IV}\alpha$, $m^{V}+n^{V}\alpha$, 2c. betrachten, und mit dieser eben so verfahren, wie es mit der vorgegebenen geschehen ist.

Es könnte sich ereignen, daß ein und derselbe Werth von α mehrere Glieder dem ersten gleich machte in der Reihe (2.) alsdann könnte man, um eine neue Auflösung zu suchen, nur von dem Gliede ausgehen, welches am weitesten vom ersten absteht; denn es ist leicht zu sehen, daß alle vorhergehenden es übertreffen, wenn man für α eine Zahl nähme, welche kleiner ist, als der größte bei der Operation gefundene Werth.

Die Einzelheiten der eben auseinander gesetzten Methode sind in folgender Regel enthalten:

Man setze das erste Glied der Reihe einen jeden folgenden gleich; man nehme den größten der Werthe von α, welche aus den Gleichungen hervor gehen, die man auf diese Weise gebildet hat, so wird dieser die erste Auflösung der vorgegebenen Frage seyn. Man gehe nun vom letzten der Glieder, welches durch seine Vergleichung mit dem ersten, diesen größten Werth gegeben hat, aus, und setze es einem jeden der folgenden gleich, wodurch man neue Werthe von α kennen lernt, unter welchen man den größten auswählt, welcher ebenfalls die Frage auflösen wird. Man gehe von Neuem von dem Gliede aus, welches das entfernteste von demjenigen, das die vorige Auflösung gegeben hat, und vergleiche es mit den folgenden Gliedern, so wie es oben angegeben ist.

Fährt man so fort, so gelangt man zu allen Werthen von α, welche zwei oder mehrere Glieder der Reihe (1.) unter einander gleich und kleiner als alle andern machen.

§. 62.

Ich nehme als Beispiel die Gleichung

$$a - a' x^3 y + a'' \frac{y^2}{x} - a''' \frac{y^4}{x^5} + a^{IV} x^2 y^5 - a^{V} \frac{y^6}{x^3} = 0.$$

Setzt man in dieselbe Ax^{α} statt y, so wird sie

$$a - a' A x^{3+\alpha} + a'' A^2 x^{-1+2\alpha} - a''' A^4 x^{-5+4\alpha} + a^{IV} A^5 x^{2+5\alpha}$$
$$- a^{V} A^6 x^{-3+6\alpha} = 0;$$

und um die größten Glieder derselben zu erkennen, in der Voraussetzung, daß x sehr klein ist, muß man α so bestimmen, daß man zwei der Zahlen, 0, $3+\alpha$, $-1+2\alpha$, $-5+4\alpha$, $2+5\alpha$, $-3+6\alpha$ einander gleich macht und kleiner als die übrigen.

Man setze, nach der angegebenen Regel, das erste Glied allen übrigen gleich, was für α nacheinander die Zahlen -3, $\frac{1}{2}$, $\frac{5}{4}$, $-\frac{2}{5}$, $\frac{3}{6}$ gibt, deren größte, $\frac{5}{4}$, der Frage Genüge leistet. In der That, wenn man $\frac{5}{4}$ für α substituirt, so werden die vorgegebenen Zahlen 0, $\frac{17}{4}$, $\frac{6}{4}$, 0, $\frac{33}{4}$, $\frac{18}{4}$, und die beiden gleichen Glieder sind kleiner als die übrigen.

Man nehme nun das Glied $-5+4a$, aus welchem man die vorige Auflösung gezogen hat, um es zu vergleichen mit den beiden folgenden $2+5\alpha$ und $-3+6\alpha$; man erhält hieraus $\alpha = -7$ und $\alpha = -1$. Sieht man denjenigen dieser beiden Werthe als den größten an, der sich am wenigsten vom positiven entfernt, so wird man $\alpha = -1$ nehmen, und so folgende sechs Zahlen erhalten 0, 2, -3, -9, -3, -9, unter welchen -9 die kleinste ist. Hier ist die Operation beendigt, weil die eben erhaltene Auflösung aus der Vergleichung des vierten Gliedes mit dem letzten hergeleitet ist.

Substituirt man die beiden Werthe von α in die vorgegebene Gleichung, so wird sie, gemäß dem ersten

$$a - a' A x^{\frac{17}{4}} + a'' A^2 x^{\frac{6}{4}} - a''' A^4 + a^{IV} A^5 x^{\frac{33}{4}} - a^{V} A^6 x^{\frac{18}{4}} = 0;$$

und gemäß dem zweiten

$$a - a' A x^2 + a'' A^2 x^{-3} - a''' A^4 x^{-9} + a^{IV} A^5 x^{-3} - a^{V} A^6 x^{-9} = 0.$$

In dem ersten dieser Resultate sind a und $a''' A^4$ die beiden größten Glieder; in dem zweiten sind es $a''' A^4 x^{-9}$ und $a^{V} A^6 x^{-9}$.

§. 63.

Um die größten Glieder einer Gleichung zu erkennen, bei der Annahme, daß x sehr groß ist, substituire man $\frac{1}{t}$ statt x, und suche unter den Gliedern der umgeformten Gleichung diejenigen, welche die größten werden, wenn man den Werth von t sehr klein annimmt, eine Annahme welche den Werth von x sehr groß macht.

Man könnte direkt zu demselben Ziele gelangen, wenn man bemerkt, daß nach der Substitution von Ax^α für y in die vorgegebene Gleichung diejenigen Glieder die größten seyn werden, welche die höchste Potenz von x enthalten, und daß man sie folglich finden könnte, indem man α so bestimmte, daß zwei Zahlen der Reihe $m+n\alpha$, $m'+n'\alpha$, $m''+n''\alpha$ rc. einander gleich werden und die übrigen übersteigen. Diese letztere Frage könnte man auflösen, indem man unter den Größen α', α'', α''', rc. des §. 61. die kleinste nähme, und so fort in jeder neuen Reihe den kleinsten Werth von α nähme.

In dem Beispiele des vorigen Paragraphen ist der kleinste Werth von α, den wir im Anfange fanden, -3; und er gibt die sechs Zahlen 0, 0, -7, -17, -13, -21, deren beide ersten, die einander gleich sind, als die größten angesehen werden müssen, da die andern negativ sind. Da die Auflösung -3 aus der Vergleichung des zweiten Gliedes der vorgegebenen Reihe mit dem ersten hergeleitet ist, so setze man, nach Vorschrift der Regel, dieses zweite Glied einem jeden der folgenden gleich, um eine andere Auflösung zu erhalten. Der kleinste Werth von α, welcher aus dieser Operation hergeleitet wird, wird $\frac{1}{4}$ seyn, und hieraus wird folgende Reihe entstehen: 0, $\frac{13}{4}$, $-\frac{2}{4}$, -4, $\frac{13}{4}$, $-\frac{6}{4}$, in welcher $\frac{13}{4}$ die aufgelegten Bedingungen erfüllen wird. Man vergleiche endlich das fünfte Glied der vorgegebenen Reihe mit dem sechsten, so findet man $\alpha=5$, und hieraus entsteht 0, 8, 9, 15, 27, 27; und 27 wird ebenfalls der Frage Genüge leisten.

Die Substitution der drei Werthe von α in die Gleichung

$$a-a'x^3y+\frac{a''y^2}{x}-\text{rc.}=0,$$

wird eben so viele Resultate geben, von denen jedes zwei Glieder enthält, die mit den nämlichen Exponenten behaftet sind, und größer werden können, als alle andern, wenn man dem x einen sehr großen Werth beilegt.

Das Verfahren, von welchem wir so eben Gebrauch gemacht haben zur Bestimmung von α, ergibt sich zu einfach aus dem in §. 61. Gesagten, als daß es einzeln bewiesen zu werden brauchte; ich bemerke daß, wenn in der Reihe der Exponenten $m+n\alpha$, $m'+n'\alpha$, rc. sich welche fänden, die dasselbe Vielfache von α enthalten, ihre respektive Größe nur von der Zahl m abhängen könne, und daß man folglich nur dasjenige Glied betrachten müßte, in welchem m am kleinsten ist, wenn man die kleinsten Exponenten suchen wollte, und im Gegenfalle dasjenige, in welchem es am größten ist, wenn man die höchsten Exponenten suchte.

§. 64.

Wenn der Exponent α des Gliedes Ax^{α} bekannt ist, so ist es leicht, den Coeffizienten A zu finden; es reicht zu diesem Behufe hin, alle Glieder, welche mit dem kleinsten Exponenten behaftet sind, gleich Null zu setzen, wenn man x sehr klein annimmt, oder die mit dem größten Exponenten behafteten, wenn man x sehr groß annimmt. Im ersten Falle gibt die Gleichung

$$a - a'A^{\frac{17}{4}} + a''A^2x^{\frac{6}{4}} - a'''A^4 + a^{IV}A^5x^{\frac{33}{4}} - a^{V}A^6x^{\frac{18}{4}} = 0 \text{ (§.62.)}$$

folgende

$$a - a'''A^4 = 0, \text{ woraus } A = \sqrt[4]{\frac{a}{a'''}}.$$

Diejenigen, welche das Wesen des Vorigen erfaßt haben, werden leicht einsehen, daß, wenn man x sehr klein annimmt, alle Glieder, welche mit dieser veränderlichen Größe behaftet sind, in der obigen Gleichung so klein werden, daß keins derselben in Vergleichung kommen kann mit den beiden andern a und $a'''A^4$, welche folglich sich unter einander vernichten müssen. Wenn man in dieser Beziehung einigen Zweifel behielte, so würde man ihn tilgen, wenn man $\frac{1}{q}$ für x setzte, denn alsdann überzeugte man sich, daß man immerhin die Zahl q groß genug nehmen kann, damit die Summe der Glieder, wo sie als Divisor vorkommt, so klein werden kann, als man will. Wendet man die Gleichung

$$a - a'Ax^2 + a''A^2x^{-3} - a'''A^4x^{-0} + a^{IV}A^5x^{-3} - a^{V}A^6x^{-9} = 0,$$

welche der zweite Werth von α liefert, an, so erhält man auf dieselbe Weise

$$-a'''A^4 - a^{V}A^6 = 0, \text{ woraus } A = \sqrt{\frac{-a'''}{a^{V}}};$$

dieser Werth wird imaginär seyn, so lange die beiden Größen a''' und a^{V} dasselbe Zeichen haben. Man sieht aus diesem Beispiele, daß man im Allgemeinen so viele einzelne Entwickelungen von y erhält, als α verschiedene Werthe hat.

Hat man das erste Glied Ax^{α}, so substituire man, um das zweite zu finden, $Ax^{\alpha} + Bx^{\beta}$ statt y, oder, was auf dasselbe hinauskommt, man verwandele für's Erste y in $Ax^{\alpha} + y'$ in der vorgegebenen Gleichung, darauf schreibe man, nach den Reduktionen Bx^{β} für y', und bestimme β und B, so wie man α

und A besimmt hat. Man erhält das dritte, wenn man $Bx^{\beta} + y''$ statt y' setzt in die Gleichung, welche diese neue veränderliche Größe enthält; nach gemachten Reduktionen setze man statt y'', Cx^{γ}, und man findet γ und C, wie man α und A, β und B gefunden hat: setzt man auf dieselbe Weise die Operation fort, so erhält man die folgenden Glieder.

Diese Art, die verschiedenen Glieder des Annäherungswerthes der Funktion y zu finden, ist in ihrem Fundamente der von Newton mitgetheilten Methode zur Auflösung der numerischen Gleichungen durch Annäherung ähnlich. Man wendet sie mit den gehörigen Modifikationen in vielen andern Fällen an, und sie macht dasjenige aus, was man die Methode der successiven Substitutionen nennt.

§. 65.

Ich nehme als Beispiel und zur Aufhellung einiger Schwierigkeiten, auf welche man bei Anwendung der vorliegenden Methode stoßen könnte, die Gleichung $ax^3 + x^3y - ay^3 = 0$.

Setzt man darin Ax^{α} statt y, so wird sie

$$ax^3 + Ax^{3+\alpha} - aA^3x^{3\alpha} = 0;$$

und bestimmt man α in der Voraussetzung, daß x sehr klein sey, so findet man $\alpha = 1$, $a - aA^3 = 0$; woraus $A = 1$: das erste Glied der Entwickelung von y wird also x seyn.

Man mache darauf $y = x + y'$, wodurch die umgeformte Gleichung

$$x^4 - 3ax^2y' + x^3y' - 3axy'^2 - ay'^3 = 0$$

entsteht, in welcher man y^1 in Bx^{β} verwandele. Sucht man alle die Werthe, deren β fähig ist, so findet man $\beta = 2$ und $\beta = 1$; aber man sieht leicht, daß man den zweiten verwerfen muß, denn bei der Annahme, daß x sehr klein sey, muß die gesuchte Reihe eine steigende seyn, und diese Bedingung erheischt, daß α von β übertroffen wird. Der erste Werth von β gibt $1 - 3aB = 0$, woraus man herleitet

$$B = \frac{1}{3a} \text{ und } Bx^{\beta} = \frac{x^2}{3a}.$$

Setzt man $y' = \frac{x^2}{3a} + y''$, so erhält man eine zweite umgefoemte

$$\frac{x^6}{27a^2} + 3ax^2y'' + x^3y'' + \frac{x^4}{3a}y'' + 3axy''^2 + x^2y''^2 + ay''^3 = 0,$$

in welcher man y'' in Cx^{γ} verwandele, und man wird finden $\gamma = 4$, $\gamma = 1$. Man muß sich, aus demselben Grunde wie oben, an den ersten dieser Werthe halten, und dieser liefert

$$C = -\frac{1}{81a^3}, \quad Cx^\gamma = -\frac{x^4}{81a^3}.$$

Diese Rechnung kann nun so weit getrieben werden als man will, ohne daß neue Schwierigkeiten entstehen, und man wird zum Endresultat erhalten

$$y = x + \frac{x^2}{3a} - \frac{x^4}{81a^3} + \frac{x^5}{243a^4} - \text{etc.}$$

Die vorgegebene Gleichung liefert noch drei andere Reihen, welche aus der Annahme entstehen, daß x sehr groß sey, und die folglich abnehmende sind. Um dazu zu gelangen, bestimme man α in der Gleichung

$$ax^3 + Ax^{3+\alpha} - aA^3x^{3\alpha} = 0,$$

so daß die Exponenten, welche gleich werden, alle andern übersteigen; die Werthe dieser Größe werden alsdann seyn 0 und $\frac{3}{2}$. Der erste gibt $A = -a$, und wenn man die folgenden Glieder sucht, so führt er zu der Reihe

$$y = -a - a^4x^{-3} - 3a^7x^{-6} - 12a^{10}x^{-9} - 55a^{13}x^{-12} - \text{etc.}$$

Der zweite gibt $A - aA^3 = 0$, woraus man erhält $A = \pm a^{-\frac{1}{2}}$. Wendet man einzeln einen jeden der beiden Werthe von A in den folgenden Operationen an, so findet man die beiden folgenden Reihen, die sich nur durch die Zeichen ihrer Glieder unterscheiden:

$$y = \quad a^{-\frac{1}{2}}x^{\frac{3}{2}} + \tfrac{1}{2}a - \tfrac{3}{8}a^{\frac{5}{2}}x^{-\frac{3}{2}} + \tfrac{1}{2}a^4x^{-3} - \text{etc.}$$

$$y = -a^{-\frac{1}{2}}x^{\frac{3}{2}} + \tfrac{1}{2}a + \tfrac{3}{8}a^{\frac{5}{2}}x^{-\frac{3}{2}} + \tfrac{1}{2}a^4x^{-3} + \text{etc.}$$

Man muß bei der Untersuchung dieser Reihen, welche fallende sind, darauf Acht haben, daß man unter den Werthen, die man für einen jeden der Exponenten β, γ, δ, etc. findet, nur diejenigen nimmt, welche kleiner sind als der vorhergehende Exponent.

Diese Ausführungen können hinreichen um zu zeigen, wie man die verschiedenen Entwickelungen einer eingewickelten Funktion, die durch eine algebraische Gleichung gegeben ist, finden kann. Es wird oft der Fall seyn, daß die Bestimmung eines oder mehrerer der Coeffizienten A, B, C, etc. die Auflösung einer Gleichung erheischt, die den ersten Grad übersteigt; aber dieses Hinderniß wird keineswegs die Methode hemmen, weil die aufzulösende Gleichung nur konstante Größen enthalten wird: man wird also in den einzelnen Anwendungen den Zahlwerth des gesuchten Coeffizienten wenigstens annäherungsweise erhalten können, und in dem allgemeinen Falle fahre man fort zu operiren mit dem Buchstaben, der ihn vorstellt, wie mit einer bekannten Größe. Wenn man die Gleichung hätte

$$2a^3 + x^3 - ay^2 - axy - y^3 = 0,$$

so würde, wenn man darin x sehr klein annimmt, der Coeffizient A durch die Gleichung gegeben seyn

$$2a^3 - aA^2 - A^3 = 0.$$

In diesem Beispiele hat die aufzulösende Gleichung, da sie von einem ungeraden Grade ist, wenigstens eine reelle Wurzel; das erste Glied der gesuchten Entwickelung wird sich also auch unter einer reellen Form darstellen; wäre man aber zu einer Gleichung von einem geraden Grade gelangt, entweder im Anfange, oder im Verlaufe der Entwickelung, so müßte man sich zuerst vergewissern, ob diese Gleichung reelle Wurzeln habe oder nicht, um zu erkennen, ob diese Entwickelung reell oder imaginär ist.

Diese Vorsicht ist von Bedeutung, und v. Gua ist, weil er sie vernachläßigt hat, in einen großen Irrthum gefallen. Sie zeigt, mit welcher Umsicht man die Reihen behandeln muß, und wie wenig man auf die Schlußfolgen rechnen kann, die man daraus zieht, wenn das Gesetz, welches ihre Glieder befolgen, nicht klar ist, weil man immer befürchten muß, daß sie in dem nicht berechneten Theile der Reihe die Form verändern, und dort gar imaginär werden.

Die obige Methode kann in gewissen Rücksichten unvollkommen erscheinen, weil man dabei in keine Untersuchung über die Anzahl der Entwickelnngen eingeht, die man aus einer Gleichung, ihrem Grade gemäß herleiten kann, und über die Fälle, in welchen diese Entwickelungen imaginäre Glieder bekommen können; aber diese Untersuchung würde wenig Interesse haben, weil man selten die Methode, um welche es sich handelt, anwendet; übrigens kann man das **VIIIte** Kapitel der **Introduction à l'Analyse des lignes courbes** von Cramer in Berathung ziehen, welches auf den Weg dieser Untersuchungen führt.

§. 66.

Dieselbe Methode liefert auch die Entwickelung von y in der Form eines Kettenbruches; denn, wenn man das erste Glied Ax^α gefunden hat, könnte man setzen $y = \frac{Ax^\alpha}{1+y'}$, wo y' eine sehr kleine Größe ist, weil nach der Annahme das Glied Ax^α den größten Theil des Werthes von y ausmacht. Nachdem man diesen Ausdruck statt y in die vorgegebene Gleichung substituirt, und die Nenner weggeschafft hat, erhält man eine erste umgeformte Gleichung in x und y', in welcher man y' mit Bx^β vertausche, und darauf β und B nach der über den Grad der Größe von x festgesetzten Annahme bestimme.

Man mache nun $y' = \frac{Bx^\beta}{1+y''}$ in der ersten umgeformten, und man erhält eine zweite in x und y'', in welche man Cx^γ statt y'' setze. Nachdem man γ und C bestimmt hat, wie gewöhnlich, setze man $y'' = \frac{Cx^\gamma}{1+y'''}$, welches eine dritte umgeformte liefern wird, mit welcher man verfahre wie mit den vorhergehenden. Geht man von den Werthen von y', y'', y''', ꝛc. zu dem von y zurück, so findet man

$$y = \cfrac{Ax^\alpha}{1+\cfrac{Bx^\beta}{1+\cfrac{Cx^\gamma}{1+\cfrac{Dx^\delta}{1+\text{ꝛc.}}}}}$$

Man sieht, daß man hier zwei Arten von Entwicklungen von dieser Form haben muß: die einen, aufsteigende, d. h. solche, in welchen die Exponenten der Potenzen von x beständig zunehmen, konvergiren gegen den Werth der Funktion y, wenn x sehr klein ist; die andern dagegen, welche absteigende sind, weil die Exponenten von x dem Fortgange des Bruches gemäß abnehmen, konvergiren nur in dem Falle, wenn x einen sehr großen Werth hat.

Ich überlasse es den mit der Theorie der Kettenbrüche vertrauten Lesern, sich an einigen Beispielen zu üben: meine Absicht in diesem Augenblicke ist nur, eine interessante Anwendung blos anzudeuten, auf welche ich mit größerer Ausführlichkeit im zweiten Bande dieses Werkes zurückkommen werde, weil sie ein sehr zierliches Mittel darbietet, um die annähernden und manchmal die genauen Werthe von Funktionen zu finden, welche durch eine Gattung von Gleichungen gegeben sind, die schwieriger aufzulösen sind, als die rein algebraischen, — ein Mittel, welches man, so wie alles vorhergehende, Lagrange verdankt.

Auflösung mehrerer Arten von Gleichungen durch die Sinustafeln.

§. 67.

Die Formeln des §. 48. liefern ein leichtes Mittel, durch die Sinustafeln alle Wurzeln zweigliedriger Gleichungen zu finden. Da diese Gleichungen enthalten sind in der allgemeinen Form $x^n \mp a^n = 0$, welche sich verwandelt in $a^n(y^n \mp 1)$, wenn man darin $x = ay$ macht, so reicht es hin die folgende:

$$y^n \mp 1 = 0$$

zu betrachten, und diese kommt zurück auf

$$y^n = \pm 1.$$

Der Ausdruck $y = \cos z + \sqrt{-1} \sin z$ leistet dieser Gleichung durch eine sehr einfache Bestimmung des Bogens z Genüge; denn man hat

$$y^n = (\cos z + \sqrt{-1} \sin z)^n = \cos nz + \sqrt{-1} \sin nz;$$

und da, wenn man mit π die halbe Peripherie, und mit m irgend eine beliebige ganze Zahl bezeichnet,

$$\sin m\pi = 0, \quad \cos m\pi = \pm 1,$$

je nachdem m eine gerade oder ungerade Zahl ist, so braucht man blos $nz = m\pi$ anzunehmen, und $y^n = \pm 1$ zu erhalten.

Um den Fall, wo m gerade ist, deutlicher zu unterscheiden von dem, wo es ungerade ist, schreibt man für den ersten Fall $2m$ statt m, und für den zweiten $2m+1$; man mache also

$$nz = 2m\pi \text{ und } nz = (2m+1)\pi.$$

Bei der ersten Annahme kommt

$$y = \cos\frac{2m\pi}{n} + \sqrt{-1} \sin\frac{2m\pi}{n} \text{ und } y^n = +1;$$

bei der zweiten

$$y = \cos\frac{(2m+1)\pi}{n} + \sqrt{-1} \sin\frac{(2m+1)\pi}{n} \text{ und } y^n = -1.$$

Vermittelst der unbestimmten Zahl m liefert jeder der Ausdrücke von y alle die Werthe, deren diese Größe fähig ist; denn man kann nacheinander nehmen

$$m = 0, \; m = 1, \; m = 2, \; m = 3, \text{ rc.}$$

Die erste Formel gibt

$$y = \cos 0\pi = 1,$$
$$y = \cos\frac{2\pi}{n} + \sqrt{-1}\sin\frac{2\pi}{n}$$
$$y = \cos\frac{4\pi}{n} + \sqrt{-1}\sin\frac{4\pi}{n}$$
2c.

und es ist ersichtlich, daß man immer verschiedene Resultate finden wird, bis man auf $m = n - 1$ gekommen ist; denn nimmt man $m = n$, so hat man $y = \cos 2\pi = 1$, und man verfällt auf den ersten der schon erhaltenen Werthe; ferner, wenn man $m = n + 1$ nimmt, so kommt

$$\cos\frac{(2n+2)\pi}{n} = \cos\left(2\pi + \frac{2\pi}{n}\right) = \cos\frac{2\pi}{n},$$
$$\sin\frac{(2n+2)\pi}{n} = \sin\left(2\pi + \frac{2\pi}{n}\right) = \sin\frac{2\pi}{n},$$

welches auf den zweiten Werth zurückführt, 2c.

Der zweite allgemeine Ausdruck von y, zu der Gleichung $y^n + 1 = 0$ gehörend, gibt eben so nur verschiedene Werthe von $m = 0$ bis zu $m = n - 1$ einschließlich, weil wenn man $m = n$ nimmt, so kommt

$$\cos\frac{(2n+1)\pi}{n} = \cos\left(2\pi + \frac{\pi}{n}\right) = \cos\frac{\pi}{n},$$
$$\sin\frac{(2n+1)\pi}{n} = \sin\left(2\pi + \frac{\pi}{n}\right) = \sin\frac{\pi}{n}.$$

§. 68.

Man findet durch dieses Verfahren nicht allein genau die n Wurzeln der Gleichung $y^n \mp 1 = 0$, sondern man erkennt sogar, mit ein wenig Aufmerksamkeit, daß diese Wurzeln paarweise geordnet werden können, wenn man diejenigen vereinigt, die nur durch das Zeichen der Wurzelgröße $\sqrt{-1}$ verschieden sind. Denn, da

$$\cos(2\pi - p) = \cos p \text{ und } \sin(2\pi - p) = -\sin p,$$

so folgt daraus, daß

$$y = \cos\frac{(n+q)\pi}{n} + \sqrt{-1}\sin\frac{(n+q)\pi}{n} = \cos\frac{(n-q)\pi}{n} - \sqrt{-1}\sin\frac{(n-q)\pi}{n};$$

nun ist aber leicht zu sehen, daß die Zahlen $n+q$ und $n-q$ beide zugleich entweder gerade oder ungerade sind: man kann also in dem Ausdrücken von y, die oben angeführt sind, sich auf die Velfachen von π beschränken, welche $n\pi$ nicht übersteigen, wenn man nur die Wurzelgröße $\sqrt{-1}$ abwechselnd positiv und negatv nimmt; und sie werden also

$$y = \cos\frac{2m\pi}{n} \pm \sqrt{-1}\sin\frac{2m\pi}{n},$$

$$y = \cos\frac{(2m+1)\pi}{n} \pm \sqrt{-1}\sin\frac{(2m+1)\pi}{n}.$$

Wenn n gerade ist, so müssen die Werthe von m in der ersten alle Zahlen seyn von 0 bis zu $\frac{n}{2}$ einschließlich, und blos bis zu $\frac{n-2}{2}$ in der zweiten; und wenn n ungerade ist, so müssen beide bis zu $\frac{n-1}{2}$ ausgedehnt werden.

Die beiden Werthe, welche enthalten sind in der Formel

$$y = \cos\frac{2m\pi}{n} \pm \sqrt{-1}\sin\frac{2m\pi}{n},$$

geben zu Faktoren des ersten Grades der Größe $y^n - 1$ die beiden imaginären Ausdrücke

$$\left(y - \cos\frac{2m\pi}{n}\right) - \sqrt{-1}\sin\frac{2m\pi}{n},$$

$$\left(y - \cos\frac{2m\pi}{n}\right) + \sqrt{-1}\sin\frac{2m\pi}{n};$$

und wenn man sie multiplizirt, so erhält man den Ausdruck

$$y^2 - 2y\cos\frac{2m\pi}{n} + 1,$$

welcher alle reelle Faktoren des zweiten Grades umfaßt.

Man findet eben so, daß die Faktoren des zweiten Grades der Größe $y^n + 1$ sind

$$y^2 - 2y\cos\frac{(2m+1)\pi}{n} + 1.$$

§. 69.

Als Beispiel zu der Formel

$$y = \cos\frac{2m\pi}{n} \pm \sqrt{-1}\sin\frac{2m\pi}{n}$$

folgt hier die Tabelle der Faktoren des ersten Grades, welche in der Funktion $y^6 - 1$ enthalten sind:

$$y-1,$$
$$y-\left(\cos\frac{2\pi}{6}\pm\sqrt{-1}\sin\frac{2\pi}{6}\right),$$
$$y-\left(\cos\frac{4\pi}{6}\pm\sqrt{-1}\sin\frac{4\pi}{6}\right),$$
$$y+1.$$

Die Formel

$$y^2-2y\cos\frac{2m\pi}{n}+1$$

gibt die Faktoren des zweiten Grades

$$y^2-2y+1$$
$$y^2-2y\cos\frac{2\pi}{6}+1$$
$$y^2-2y\cos\frac{4\pi}{6}+1$$
$$y^2+2y+1.$$

Der erste und letzte der Faktoren des zweiten Grades sind die Quadrate der Faktoren des ersten Grades $y-1$ und $y+1$, welche nur einmal in der vorgegebenen Funktion vorkommen; man muß also, wenn man die Faktoren des zweiten Grades gebraucht, den ersten und letzten vertauschen mit

$$(y-1)(y+1) \text{ oder mit } y^2-1.$$

Man hat für die Funktion y^5-1 die Faktoren des ersten Grades

$$y-1$$
$$y-\left(\cos\frac{2\pi}{5}\pm\sqrt{-1}\sin\frac{2\pi}{5}\right),$$
$$y-\left(\cos\frac{4\pi}{5}\pm\sqrt{-1}\sin\frac{4\pi}{5}\right).$$

Die des zweiten Grades sind

$$y^2-2y+1,$$
$$y^2-2y\cos\frac{2\pi}{5}+1,$$
$$y^2-2y\cos\frac{4\pi}{5}+1;$$

aber man muß noch bemerken, daß der erste Faktor des zweiten Grades das Quadrat des Faktors $y-1$ ist, welcher nur einmal in der vorgegebenen Funktion vorkommt.

Durch die Formel

$$y=\cos\frac{(2m+1)\pi}{n}+\sqrt{-1}\sin\frac{(2m+1)\pi}{n}$$

sind die Faktoren des ersten Grades von y^5+1

$$y-\left(\cos\frac{\pi}{5}\pm\sqrt{-1}\sin\frac{\pi}{5}\right),$$

$$y-\left(\cos\frac{3\pi}{5}\pm\sqrt{-1}\sin\frac{3\pi}{5}\right),$$

$$y+1;$$

und die Formel $y^2-2y\cos\frac{(2m+1)\pi}{n}+1$ führt zu

$$y^2-2y\cos\frac{\pi}{5}+1,$$

$$y^2-2y\cos\frac{3\pi}{5}+1,$$

$$y^2+2y+1.$$

Die Funktion y^6+1 hat zu Faktoren des ersten Grades

$$y-\left(\cos\frac{\pi}{6}\pm\sqrt{-1}\sin\frac{\pi}{6}\right),$$

$$y-\left(\cos\frac{3\pi}{6}\pm\sqrt{-1}\sin\frac{3\pi}{6}\right), \text{ oder } y\mp\sqrt{-1},$$

$$y-\left(\cos\frac{5\pi}{5}\pm\sqrt{-1}\sin\frac{5\pi}{6}\right),$$

und zu Faktoren des zweiten

$$y^2-2y\cos\frac{\pi}{6}+1,$$

$$y^2-2y\cos\frac{3\pi}{6}+1, \text{ oder } y^2+1,$$

$$y^2-2y\cos\frac{5\pi}{6}+1.$$

§. 70.

Man findet in den obigen Ausdrücken der Werthe von y die Eigenthümlichkeit wieder, welche die imaginären Wurzeln der Einheit besitzen, nämlich daß sie sich alle wieder erzeugen durch die Erhebung einer einzigen auf ihre verschiedenen Potenzen. (**Complem. des Elém. d'Alg.**) Man hat nämlich, nach §. 48.

$$\left(\cos\frac{2m\pi}{n}+\sqrt{-1}\sin\frac{2m\pi}{n}\right)^p=\cos\frac{2pm\pi}{n}+\sqrt{-1}\sin\frac{2pm\pi}{n},$$

und der Ausdruck $\cos\frac{2pm\pi}{n}+\sqrt{-1}\sin\frac{2pm\pi}{n}$ wird nacheinander in jeden der einzelnen Werthe von $\cos\frac{2m\pi}{n}+\sqrt{-1}\sin\frac{2m\pi}{n}$ eingehen, da der Bogen $\frac{2pm\pi}{n}$ immer nur die Summe einer gewissen Anzahl von Peripherien und von irgend einen der Bogen 0, $\frac{2\pi}{m}$, $\frac{4\pi}{m}$, ꝛc. seyn kann. Dieselbe Eigenthümlichkeit würde sich auf eine ähnliche Weise bewähren in Bezug auf den Ausdruck $\cos\frac{(2m+1)\pi}{n}+\sqrt{-1}\sin\frac{(2m+1)\pi}{n}$.

§. 71.

Da, nach dem Vorhergehenden, die Bestimmung der imaginären Wurzeln der Gleichung $y^n\mp1=0$ von der Theilung der Peripherie des Kreises in eine Anzahl von n gleichen Theilen, oder von der Einschreibung eines regulären Polygons von n Seiten abhängt, so folgt hieraus, daß man diese Wurzeln genau erhalten kann in allen den Fällen, wenn der Exponent n in einer der drei Progressionen

$$\div 2:4:8:16:\text{ꝛc.},\ \div 3:6:12:24:\text{ꝛc.},\ \div 5:10:20:40:\text{ꝛc.}$$

enthalten ist, denn alsdann kann man mit Lineal und Zirkel konstruiren, oder blos mit den Quadraten der Wurzelgrößen berechnen die Sinus und Cosinus der Bogen $\frac{2\pi}{n}$, $\frac{4\pi}{n}$, ꝛc., $\frac{\pi}{n}$, $\frac{3\pi}{n}$, ꝛc. Umgekehrt kann man in allen Fällen, wo man durch Gleichungen des zweiten Grades die imaginären Wurzeln der Gleichung $y^n\mp1=0$ zu finden weiß, hieraus die geometrische Konstruktion der Theilung der Peripherie des Kreises in n gleiche Theile herleiten; und die sehr schöne von Gauß entdeckte Theorie der zweigliedrigen Gleichungen zeigt, daß wenn der Exponent n eine der Primzahlen ist, welche in der Formel 2^p+1 enthalten sind, diese Gleichungen zurückkommen auf eine Combination von Gleichungen des zweiten Grades, welches für's Erste den Fall liefert wo $n=17$, der keineswegs durch die Elementargeometrie hätte erkannt werden können, wenn schon er a posteriori nachgewiesen werden kann durch die Cosinus. (Siehe die 61. Nummer des **Bulletin des Sciences** der **Société Philomatique**, und das **11te** des **Journal de l'Eçole Polytechnique.**)

Aber ohne von den vorhergehenden Betrachtungen auszugehen kann man zeigen, daß die Kenntniß der Wurzeln der Gleichungen

$$y^n-1=0,\ y^{n'}-1=0$$

zu der der Wurzeln der Gleichung

$$y^{nn'}-1=0$$

führt, wenn die Zahlen n und n' Primzahlen unter sich sind.

Zu diesem Behufe bemerke man, daß

$$\left(\cos\frac{2m\pi}{n}+\sqrt{-1}\sin\frac{2m\pi}{n}\right)\left(\cos\frac{2m'\pi}{n'}+\sqrt{-1}\sin\frac{2m'\pi}{n'}\right)=$$

$$=\cos\left(\frac{2m\pi}{n}+\frac{2m'\pi}{n'}\right)+\sqrt{-1}\sin\left(\frac{2m\pi}{n}+\frac{2m'\pi}{n'}\right), \text{ (§. 48.)}$$

und vergleiche dieses Resultat mit dem Ausdrucke

$$\cos\frac{2m''\pi}{nn'}+\sqrt{-1}\sin\frac{2m''\pi}{nn'},$$

welcher die Wurzeln der Gleichung $y^{nn'}-1=0$ gibt. Macht man

$$\frac{2m\pi}{n}+\frac{2m'\pi}{n'}=\frac{2m''\pi}{nn'},$$

so erhält man hieraus

$$n'm+nm'=m'';$$

und gibt man m'' die Werthe 0, 1, 2, 3, rc., so gelangt man nothwendig nach der Theorie der unbestimmten Gleichungen des ersten Grades (**Complem. des Elém. d'Alg.**) zur Auffindung der entsprechenden ganzen Werthe für m und m': man kann folglich von $\cos\frac{2m\pi}{n}$, $\sin\frac{2m\pi}{n}$, $\cos\frac{2m'\pi}{n'}$, $\sin\frac{2m'\pi}{n'}$ schließen auf $\cos\frac{2m''\pi}{nn'}$, $\sin\frac{2m''\pi}{nn'}$.

Mit Rücksicht auf die Gleichung $y^{nn'}+1=0$ wird die obige Rechnung

$$\left(\cos\frac{(2m+1)\pi}{n}+\sqrt{-1}\sin\frac{(2m+1)\pi}{n}\right)\left(\cos\frac{(2m'+1)\pi}{n'}\right.$$

$$\left.+\sqrt{-1}\sin\frac{(2m'+1)\pi}{n'}\right)=\cos\left(\frac{(2m+1)\pi}{n}+\frac{(2m'+1)\pi}{n'}\right)$$

$$+\sqrt{-1}\sin\left(\frac{(2m+1)\pi}{n}+\frac{(2m'+1)\pi}{n'}\right)=\cos\frac{(2m''+1)\pi}{nn'}$$

$$+\sqrt{-1}\sin\frac{(2m''+1)\pi}{nn'},$$

und man hat zur Bestimmung von m und m' die Gleichung

$$n'(2m+1)+n(2m'+1)=2m''+1.$$

§. 72.

Die Funktionen von der Form $x^{2n}-2px^n+q$ können behandelt werden, wie diejenigen, welche nur zwei Glieder enthalten. Löst man sie auf nach Art der Gleichungen des zweiten Grades, so erhält daraus die Werthe

$$p \pm \sqrt{p^2-q},$$

welche reell sind, so lange als p^2 q übertrifft; und macht man nun

$$p+\sqrt{p^2-q}=\pm a^n,$$
$$p-\sqrt{p^2-q}=\pm a'^n,$$

je nach dem Zeichen dieser Größen, so kommen Funktionen von der Form

$$x^n \mp a^n, \quad x^n \mp a'^n,$$

zur Zerlegung in Faktoren.

Wenn man hat $p^2<q$, so mache man $p=\alpha^n$, $q=\beta^{2n}$, $x=\beta y$, so kommt

$$\beta^{2n}y^{2n}-2\alpha^n\beta^n y^n+\beta^{2n}=\beta^{2n}\left(y^{2n}-\frac{2\alpha^n}{\beta^n}y^n+1\right);$$

aber da die Bedingung $p^2<q$ oder $\alpha^{2n}<\beta^{2n}$ gibt $\alpha^n<\beta^n$, so wird die Größe $\frac{\alpha^n}{\beta^n}$ ein Bruch seyn und vorgestellt werden können durch den Cosinus eines gegebenen Bogens δ: die vorgegebene Funktion wird also

$$\beta^{2n}(y^{2n}-2y^n\cos\delta+1),$$

und es handelt sich mithin blos um die Auflösung der Gleichung

$$y^{2n}-2y^n\cos\delta+1=0.$$

Man leitet für's Erste daraus

$$y^n=\cos\delta\pm\sqrt{-1}\sin\delta;$$

und dann, wenn man

$$y=\cos z\pm\sqrt{-1}\sin z$$

nimmt, so kommt, nach §. 48,

$$y^n=\cos nz\pm\sqrt{-1}\sin nz;$$

und wenn man diesen mit dem andern Werth von y^n vergleicht, so erhält man

$$\cos nz=\cos\delta, \quad \sin nz=\sin\delta.$$

Man leistet im Allgemeinen diesen Beziehungen Genüge, wenn man annimmt $nz=2m\pi+\delta$, wo m irgend eine ganze Zahl ist, indem

$$\cos(2m\pi+\delta)=\cos\delta, \quad \sin(2m\pi+\delta)=\sin\delta;$$

man erhält also

$$z = \frac{2m\pi + \delta}{n}, \quad y = \cos\frac{2m\pi+\delta}{n} \pm \sqrt{-1}, \sin\frac{2m\pi+\delta}{n}:$$

Die Faktoren des ersten Grades der Funktion

$$y^{2n} - 2y^n \cos\delta + 1$$

werden also enthalten seyn in der Formel

$$y - \left(\cos\frac{2m\pi+\delta}{n} \pm \sqrt{-1}\sin\frac{2m\pi+\delta}{n}\right).$$

Hätte man $x^{qn} + 2px^n + q = 0$, so machte man ebenfalls $\frac{\alpha^n}{\beta^n} = \cos\delta$; aber man müßte nehmen

$$y^{2n} - 2y^n \cos(\pi - \delta) + 1,$$

da $\cos(\pi - \delta) = -\cos\delta$. Ist dieses geschehen, so kommt

$$\cos nz = \cos(\pi - \delta), \quad \sin nz = \sin(\pi - \delta);$$

und folglich

$$nz = 2m\pi + \pi - \delta = (2m+1)\pi - \delta$$

§. 73.

Obgleich Nichts eingewendet werden kann gegen den Weg, der uns zu den Formeln für die Wurzeln der Gleichungen

$$y^n \mp 1 = 0, \quad y^{2n} - 2y^n \cos\delta + 1 = 0 \text{ führt,}$$

so wollen wir dennoch zur Vervollständigung dieses Gegenstandes die zierliche Methode auseinandersetzen, welche Lagrange geliefert hat, um zu denselben Formeln zu gelangen, ohne sich auf die Betrachtung der imaginären Ausdrücke zu stützen. Wenn man in der Gleichung (1.) der Seite 83 x in z verwandelt, und alle Glieder derselben mit 2 multiplizirt, so wird sie

$$2\cos(n+1)z = 2\cos z \,.\, 2\cos nz - 2\cos(n-1)z; \quad (1.)$$

nimmt man darin an

$$2\cos z = y + \frac{1}{y};$$

und macht $n=1$, $n=2$, $n=3$, ꝛc. so erhält man daraus

$$2\cos 2z = y^2 + \frac{1}{y^2},$$

$$2\cos 3z = y^3 + \frac{1}{y^3},$$

ꝛc.

woraus man der Analogie nach schließen kann

$$2\cos nz = y^n + \frac{1}{y^n} \quad (2.)$$

Diese letztere Gleichung bewahrheitet sich, wie die allgemeinen Formeln der Seite 84, indem man zeigt, daß wenn sie für die Zahlen n—1 und n statt findet, sie ebenfalls statt hat für die Zahl n+1; denn macht man

$$2\cos(n-1)z = y^{n-1} + \frac{1}{y^{n-1}},\quad 2\cos nz = y^n + \frac{1}{y^n},$$

so gibt die Gleichung (1.)

$$2\cos(n+1)z = \left(y + \frac{1}{y}\right)\left(y^n + \frac{1}{y^n}\right) - y^{n-1} - \frac{1}{y^{n-1}} = y^{n+1} + \frac{1}{y^{n+1}},$$

und da diese genau ist für die Werthe n = 1, n = 2, so hat sie also für den ganzen Umfang der Reihe der ganzen Zahlen statt.

Nachdem dieses festgesetzt ist, können die Gleichungen

$$2\cos z = y + \frac{1}{y},\quad 2\cos nz = y^n + \frac{1}{y^n},$$

unter die Form

$$y^2 - 2y\cos z + 1 = 0,\quad y^{2n} - 2y^n\cos nz + 1 = 0$$

gebracht werden, und in diesem Zustande haben sie für's Erste eine gemeinschaftliche Wurzel, weil, ihrer Bildung gemäß ein Werth von y existiren muß, der beiden zu gleicher Zeit Genüge leisten muß. Da ferner diese Gleichungen reziproke sind (Compl. des Elém. d'Algèbr.), so wird ihnen ebenfalls Genüge geleistet durch den Werth $y = \frac{1}{a}$; aber da die erste Gleichung nur vom zweiten Grade ist, und nur die beiden Wurzeln $y = a$, $y = \frac{1}{a}$ zuläßt, so hat sie also ihre beiden Wurzeln mit der zweiten gemeinschaftlich: sie ist also einer der Faktoren dieser letztern.

Nimmt man nun

$$nz = 2m\pi + \delta$$

so kommt

$$\cos nz = \cos\delta,\ \text{und}\ z = \frac{2m\pi + \delta}{n},$$

woraus ebenfalls hervorgeht, daß die Faktoren des zweiten Grades der Gleichung

$$y^{2n} - 2y^n\cos\delta + 1 = 0$$

begriffen sind in der Formel

$$y^2 - 2y\cos\frac{2m\pi + \delta}{n} + 1 = 0.$$

Um daraus die der Gleichungen

$$y \mp 1 = 0$$

herzuleiten, reicht es hin $\delta = 0$ und $\delta = \pi$ zu machen. Im ersten Falle hat man

$$\cos \delta = 1, \; y^{2n} - 2y^n + 1 = (y^n - 1)^2;$$

und folglich

$$y^n - 1 = 0$$

$$y^2 - 2y \cos \frac{2m\pi}{n} + 1 = 0.$$

Im zweiten Falle hat man

$$\cos \delta = -1, \; y^{2n} + 2y^n + 1 = (y^n + 1)^2,$$

woraus folgt

$$y^n + 1 = 0$$

$$y^2 - 2y \cos \frac{(2m+1)\pi}{n} + 1 = 0,$$

was mit §. 68. übereinstimmt.

§. 74.

Setzt man statt y wiederum seinen Werth $\frac{x}{a}$ (§. 67.) in die Gleichungen

$$y^n \mp 1 = 0 \text{ und } y^{2n} \mp 2y^n \cos \delta + 1 = 0,$$

so werden sie

$$y^n \mp a^n = 0 \text{ und } x^{2n} \mp 2a^n x^n \cos \delta + a^{2n} = 0;$$

und wenn man dieselbe Substitution in ihre Faktoren des zweiten Grades macht, so erhält man für die der ersteren (§. 68.)

$$x^2 - 2ax \cos \frac{2m\pi}{n} + a^2,$$

oder
$$x^2 - 2ax \cos \frac{(2m+1)\pi}{n} + a^2$$

und nach §. 72. fände man, daß die der zweiten sind

$$x^2 - 2ax \cos \frac{2m\pi + \delta}{n} + a^2$$

oder
$$x^2 - 2ax \cos \frac{(2m+1)\pi - \delta}{n} + a^2.$$

Diese Ausdrücke können als gleichartig angesehen werden, wenn man berücksichtiget, daß die Cosinus der Tafeln als einfache numerische Coeffizienten genommen werden dürfen: übrigens könnte man sie dazu machen, wenn man die Cosinus in demjenigen Kreise nähme, dessen Radius a ist, und durch diesen Radius die angegebenen Cosinus dividirte; aber man findet am öftesten diese Ausdrücke unter der Form, die ich ihnen hier gegeben habe.

§. 75.

Die Zerlegung der Funktion $x^n \mp a^n$ in Faktoren des zweiten Grades entspricht einer Eigenthümlichkeit des Kreises, welche unter dem Namen des Lehrsatzes von Côtes bekannt ist, weil er von diesem Geometer bekannt gemacht worden. Er besteht in Folgendem:

Wenn man die Peripherie eines Kreises in 2n gleiche Theile MM_1, M_1M_2, M_2M_3, ꝛc. (Fig. 1.) theilt und von einem Punkte O, der auf dem Diameter MCM_n liegt, zu den verschiedenen Theilungspunkten gerade Linien OM, OM_1, OM_2, OM_3, ꝛc. zieht, so wird das Produkt aller derjenigen, welche durch die Theilungspunkte von einer geraden Ordnung gehen, gleich seyn $\overline{CM}^n - \overline{CO}^n$, wenn der Punkt O innerhalb des Kreises liegt, und gleich $\overline{CO}^n - \overline{CM}^n$ wenn dieser Punkt außerhalb liegt; und das Produkt aller derjenigen Linien, welche durch die Theilungspunkte von einer ungeraden Ordnung gehen, wird gleich seyn $\overline{CM}^n + \overline{CO}^n$.

Ich werde blos den Fall beweisen, wenn der Punkt O innerhalb des Kreises liegt, weil es leicht ist, den andern auf dieselbe Weise darzuthun.

Läßt man vom Punkte M_1 die Senkrechte M_1P auf den Diameter MM_n herab, so hat man, wegen des rechtwinklichten Dreiecks M_1PO,

$$\overline{OM}_1^2 = \overline{OP}^2 + \overline{PM}_1^2;$$

aber $OP = CP - CO$, und in dem vorgegebenen Kreise ist CP der Cosinus des Bogens MM_1 und PM_1 der Sinus desselben; man hat also mit Anwendung der Sinus der Tafeln, welche für den Radius gleich Eins berechnet sind,

$$CP = CM \cos MM_1, \quad PM_1 = CM \sin MM_1;$$

und macht man $CM = a$, $CO = x$, so kommt

$$OP = a \cos MM_1 - x, \quad PM_1 = a \sin MM_1,$$

$$\overline{OM}_1^2 = a^2 - 2ax \cos MM_1 + x^2.$$

Die Werthe von $\overline{OM}_2^2$, $\overline{OM}_3^2$, ꝛc. ergeben sich aus dem vorigen, wenn man für den Bogen MM_1 die Bogen MM_2, MM_3, ꝛc. setzt. Nimmt man nur die, welche geraden Theilungspunkten entsprechen, und bezeichnet die Peripherie mit 2π, und hat darauf Acht, daß $MM_1 = \frac{2\pi}{2n} = \frac{\pi}{n}$, so kommt

$$MM_2 = \frac{2\pi}{n},\ MM_4 = \frac{4\pi}{n} \text{ ꝛc.};$$

woraus

$$\overline{OM}_2^2 = a^2 - 2ax\cos\frac{2\pi}{n} + x^2,\ \overline{OM}_4^2 = a^2 - 2ax\cos\frac{4\pi}{n} + x^2, \text{ꝛc.};$$

aber die Linien OM_2, OM_4, ꝛc., welche auf der einen Seite des Diameters liegen, haben ihre entsprechenden OM_8, OM_6, ꝛc. welche ihnen bezüglich gleich sind, so daß man schreiben kann

$$\overline{OM}_2 \times \overline{OM}_8 \text{ statt } \overline{OM}_2^2,\ \overline{OM}_4 \times \overline{OM}_6 \text{ statt } \overline{OM}_4^2,$$

u. s. w. wenn die Theilungspunkte in größerer Anzahl da sind: man bemerke zugleich, daß die Linie OM die Größe $a - x$ vorstellt. Nachdem dieses festgesetzt ist, so ergibt sich aus §. 74., daß wenn n gerade ist,

$$a^n - x^n = (a - x)\left(a^2 - 2ax\cos\frac{2\pi}{n} + x^2\right)\left(a^2 - 2ax\cos\frac{4\pi}{n} + x^2\right) \text{ꝛc.};$$

setzt man statt der Faktoren der zweiten Seite ihre Ausdrücke in Linien, so erhält man

$$a^n - x^n = \overline{CM}^n - \overline{CO}^n = \overline{OM} \times \overline{OM}_2 \times \overline{OM}_4 \times \overline{OM}_6 \times \overline{OM}_8.$$

Da die Bogen MM_1, MM_3, MM_5, ꝛc., welche den ungeraden Theilungspunkten entsprechen, gleich sind

$$\frac{2\pi}{2n} = \frac{\pi}{n},\ \frac{6\pi}{2n} = \frac{3\pi}{n},\ \frac{10\pi}{2n} = \frac{5\pi}{n}, \text{ ꝛc.}$$

so findet man

$$\overline{OM}_1^2 = a^2 - 2ax\cos\frac{\pi}{n} + x^2,\ \overline{OM}_3^2 = a^2 - 2ax\cos\frac{3\pi}{n} + x^2, \text{ꝛc.}$$

und $OM_5 = a + x$; aber da

$$a^n + x^n = (a + x)\left(a^2 - 2ax\cos\frac{\pi}{n} + x^2\right)\left(a^2 - 2ax\cos\frac{3\pi}{n} + x^2\right) \text{ꝛc.},$$

so kommt

$$a^n + x^n = \overline{CM}^n \times \overline{CO}^n = \overline{OM}_1 \times \overline{OM}_3 \times \overline{OM}_5 \times \overline{OM}_7 \times \overline{OM}_9.$$

Wenn n eine gerade Zahl ist, wie in Fig. 2, so entsprechen die beiden Theile OM und OM_8 des Diameters, der eine wie der andere den durch eine gerade Ziffer bezeichneten Theilungspunkten, und sie geben die beiden reellen Faktoren des ersten Grades, $a - x$ und $a + x$, welche die Funktion $a^n - x^n$ in diesem Falle hat, während alle Linien von ungerader Ordnungszahl blos Faktoren des zweiten Grades entsprechen, welche die einzigen reellen sind für die Funktion $a^n + x^n$.

§. 76.

Côtes, der sehr jung starb, hinterließ den vorigen Lehrsatz unter seinen Papieren ohne Beweis. Moivre und Bernoulli fügten diesen hinzu; aber der erste gab dem Satze eine Ausdehnung, mittelst welcher er die Zerlegung des Ausdruckes $a^{2n}-2a^n x^n \cos\delta+x^{2n}$ in relle Faktoren des zweiten Grades enthält. Diese Erweiterung ist folgende:

Anstatt den Punkt M, den Anfangspunkt der Theilung des Kreises, in den Endpunkt des Radius MC, Fig. 1. zu setzen, nimmt man für's Erste einen Bogen AM, Fig. 3., welcher der nte Theil des Bogens δ sei, der durch AB vorgestellt wird; alsdann theilt man die Peripherie des Kreises in n gleiche Theile, vom Punkte M angefangen, so hat man

$$a^{2n}-2a^n x^n \cos\delta+x^{2n}=\overline{AC}^{2n}-2\overline{AC}^n\times\overline{OC}^n\cos\delta\times\overline{OC}^{2n}$$
$$=\overline{OM}^2\times\overline{OM_1}^2\times\overline{OM_2}^2\times\overline{OM_3}^2\times\overline{OM_4}^2 \text{ rc.}$$

Um sich von der Richtigkeit dieser Gleichung zu überzeugen, bemerke man, daß

$$AM=\frac{\delta}{n},\ AM_1=\frac{2\pi+\delta}{n},\ AM_2=\frac{4\pi+\delta}{n},\ \text{rc.},$$

und suche, wie im vorigen §. die Werthe von $\overline{OM}^2$, $\overline{OM_1}^2$, rc.; man wird durch dieses Mittel dieselben Faktoren finden, welche die Formeln des §. 74. liefern würden für den Ausdruck

$$a^{2n}-2a^n x^n \cos\delta+x^{2n}.$$

§. 77.

Es gibt noch von jedem Grade bedeutende Klassen von Gleichungen, welche sich mit vieler Leichtigkeit durch die trigonometrischen Tabellen auflösen lassen; sie gehören zu denjenigen, welche eine Wurzel von der Form

$$x=\sqrt[n]{A}+\sqrt[n]{B}$$

zulassen, und deren Zerlegung angegeben ist in dem Complem. des Elém. d'Alg. Ihr allgemeiner Ausdruck ist

$$x^n-\frac{n}{1}x^{n-2}\sqrt[n]{b}+\frac{n(n-3)}{1.2}x^{n-4}\sqrt[n]{b^2}-\frac{n(n-4)(n-5)}{1.2.3}x^{n-6}\sqrt[n]{b^3}$$
$$+\frac{n(n-5)(n-6)(n-7)}{1.2.3.4}x^{n-8}\sqrt[n]{b^4}-\text{rc.}=a,$$

wenn man

$$A+B=a,\ AB=b \text{ macht.}$$

Er geht in den Ausdruck von $\cos nx$, welcher mitgetheilt ist auf der Seite 83, ein; denn wenn man darin x in $2r \cos z$ verwandelt, und darauf beide Seiten durch r^n dividirt, so erhält man die Gleichung

$$(2\cos z)^n - \frac{n}{1}(2\cos z)^{n-2}\frac{\sqrt[n]{b}}{r^2} + \frac{n(n-3)}{1.2}(2\cos z)^{n-4}\frac{\sqrt[n]{b^2}}{r^4} - \text{etc.} = \frac{a}{r^n};$$

schreibt man darauf z statt x in die angegebene Entwickelung von $\cos nx$, und multiplizirt sie mit 2, so erhält man daraus die Gleichung

$$(2\cos z)^n - \frac{n}{1}(2\cos z)^{n-2} + \frac{n(n-3)}{1.2}(2\cos z)^{n-4} + \text{etc.} = 2\cos nz,$$

welche mit der vorigen einerlei seyn wird, wenn

$$\frac{\sqrt[n]{b}}{r^2} = 1, \quad 2\cos nz = \frac{a}{r^n}.$$

woraus folgt

$$r = \sqrt[2n]{b}, \quad \cos nz = \frac{a}{2\sqrt{b}};$$

aber da $\cos nz$ nie die Einheit übersteigen kann, so darf a nicht größer seyn als $2\sqrt{b}$, oder $a^2 > 4b$.

Sobald diese Bedingung erfüllt ist, alsdann hat man, wenn man mit δ den Bogen bezeichnet, dessen Cosinus $\frac{a}{2\sqrt{b}}$ ist,

$$z = \frac{2m\pi + \delta}{n}, \text{ und } x = 2\sqrt[2n]{b}.\cos\left(\frac{2m\pi + \delta}{n}\right).$$

Dasselbe Resultat erhält man aus dem algebraischen Ausdrucke der Wurzel

$$x = \sqrt[n]{A} + \sqrt[n]{B},$$

welche übereinstimmt mit

$$x = \sqrt[n]{\frac{1}{2}a + \sqrt{\frac{a^2}{4} - b}} + \sqrt[n]{\frac{1}{2}a - \sqrt{\frac{a^2}{4} - b}},$$

wenn man darin statt **A** und **B** ihren Werth in a und b setzt.

Bei der Annahme $a^2 < 4b$ ist die Größe $\sqrt{\frac{a^2}{4} - b}$ imaginär, und kann unter die Form $\sqrt{b - \frac{a^2}{4}}.\sqrt{-1}$ gebracht werden: nimmt man nun an, daß $\frac{1}{2}a = r^n \cos \delta$ und

$\sqrt{b-\frac{a^2}{4}}=r^n\sin\delta$, so erhält man

$$x=r\left((\cos\delta+\sqrt{-1}\sin\delta)^{\frac{1}{n}}+(\cos\delta-\sqrt{-1}\sin\delta)^{\frac{1}{n}}\right),$$

was übereinkommt mit $x=2r\cos\frac{\delta}{n}$ (§. 47.).

Um r^n zu bestimmen reicht es hin, die Werthe von $r^n\cos\delta$, $r^n\sin\delta$ zu quadriren; man findet durch dieses Mittel $r^{2n}=b$, woraus, wie oben, $r=\sqrt[2n]{b}$.

§. 78.

Es ist zu bemerken, daß gerade wenn der Werth von x, obgleich reell, sich unter einer Form darstellt, die aus imaginären Ausdrücken zusammengesetzt ist, die trigonometrischen Tabellen denselben mit Leichtigkeit geben; man nimmt dieselben ebenfalls zu Hülfe für die Gleichung des dritten Grades $x^3-px=q$, wenn sie auf den irreduktibeln Fall kommt. Macht man darin $x=2r\cos z$, so wird sie

$$8r^3\overline{\cos z}^3-2pr.\cos z=q,\ \text{ferner}\ 4\overline{\cos z}^3-\frac{p}{r^2}\cos z=\frac{q}{2r^3};$$

und vergleicht man mit der Formel

$$4\overline{\cos z}^3-3\cos z=\cos 3z,$$

welche aus der ersten Tabelle der Seite 83 hergeleitet ist, so hat man

$$\frac{p}{r^2}=3,\ \frac{q}{2r^3}=\cos 3z,$$

woraus folgt

$$r=\sqrt{\frac{p}{3}},\ \cos 3z=\frac{q}{\frac{2p}{3}\sqrt{\frac{p}{3}}};$$

und die Bedingung, damit der Werth von $\cos 3z$ kleiner als die Einheit sey, ist $q<\frac{2p}{3}\sqrt{\frac{p}{3}}$, oder, wenn man beide Seiten quadrirt,

$$q^2<\frac{4p^3}{27},\ \text{oder endlich}\ \frac{q^2}{4}<\frac{p^3}{27},$$

dieselbe, welche den irreduktibeln Fall bestimmt.

In diesem Falle sind, wenn man mit δ den Bogen bezeichnet, dessen Cosinus ist $\frac{q}{\frac{2p}{3}\sqrt{\frac{p}{3}}}$, die Werthe von x

$$2\sqrt{\frac{p}{3}}.\cos\frac{\delta}{3},\ 2\sqrt{\frac{p}{3}}.\cos\left(\frac{2\pi+\delta}{3}\right),\ 2\sqrt{\frac{p}{3}}.\cos\left(\frac{4\pi+\delta}{3}\right).$$

Man bedient sich auch der trigonometrischen Formeln, um die Berechnung der Wurzeln in den andern Fällen des dritten Grades, und in allen Fällen die der Gleichungen des zweiten und vierten abzukürzen; aber diese Anwendungen sind weniger ins Einzelne gehend, als die vorhergehende, welche zu gleicher Zeit alle Wurzeln gibt, und ihre Auseinandersetzung würde die Grenzen überschreiten, die ich mir habe vorschreiben müssen. Diese Grenzen gestatten mir ebenfalls nicht, mich über die andern Formen von Gleichungen zu verbreiten, die man aus den Ausdrükken des Sinus, der Tangente, ꝛc. der vielfachen Bogen herleiten könnte, so wie auch nicht auf die Eigenthümlichkeiten des Kreises, welche diesen Gleichungen entsprechen. Beim gegenwärtigen Zustande der Wissenschaft sind diese Eigenthümlichkeiten, gerade wie die Lehrsätze von Côtes und Moivre nur Gegenstand einer Sonderbarkeit, und es reicht hin, deren Existenz anzugeben, und ihre Stelle zu bezeichnen.

Ueber die Form der imaginären Funktionen.

§. 79.

Es läßt sich leicht zeigen, daß die algebraischen Funktionen die Größen von der Form $a + b\sqrt{-1}$ ebenfalls dieselbe Form haben (Compl. des Elém. d'Algèbr.); aber die Resultate dieser Rechnungen können mit Eleganz durch die Sinus und Cosinus ausgedrückt werden, und man leitet daraus Formeln her, welche von großem Nutzen in der Analysis sind. Wenn man den Ausdruck $a + b\sqrt{-1}$ mit $r(\cos z + \sqrt{-1}\sin z)$ vergleicht, so findet man $a = r\cos z$, $b = r\sin z$; addirt man dazu die Quadrate dieser Gleichungen, so kommt $a^2 + b^2 = r^2$. Wenn der Werth von r bekannt ist, so hat man

$$\cos z = \frac{a}{r} \text{ und } \sin z = \frac{b}{r};$$

macht man eben so

$$a' + b'\sqrt{-1} = r'(\cos z' + \sqrt{-1}\sin z'),$$

so erhält man daraus (§. 48.)

$$(a+b\sqrt{-1})(a'+b'\sqrt{-1}) = rr'(\cos z + \sqrt{-1}\sin z)(\cos z' + \sqrt{-1}\sin z')$$
$$= rr'(\cos(z+z') + \sqrt{-1}\sin(z+z')).$$

Der Bruch $\frac{a+b\sqrt{-1}}{a'+b'\sqrt{-1}}$ wird $\frac{r(\cos z + \sqrt{-1}\sin z)}{r'(\cos z' + \sqrt{-1}\sin z')}$; multiplizirt man seine beiden Seiten mit $(\cos z' - \sqrt{-1}\sin z')$, so erhält man (§. 48.)

$$\frac{r}{r'}\Big(\cos(z-z') + \sqrt{-1}\sin(z-z')\Big).$$

Die Funktion $(a+b\sqrt{-1})^n$ wird auf der Stelle

$$r^n(\cos z + \sqrt{-1}\sin z)^n = r^n(\cos nz + \sqrt{-1}\sin nz),$$

und verwandelt man darin n in $\frac{1}{n}$, so kommt

$$(a+b\sqrt{-1})^{\frac{1}{n}} = r^{\frac{1}{n}}\Big(\cos\frac{z}{n} + \sqrt{-1}\sin\frac{z}{n}\Big).$$

§. 80.

Durch die vorige Umformung führt man die trigonometrischen Linien in die Untersuchung der imaginären Wurzeln irgend einer algebraischen Gleichung ein. Anstatt für die unbekannte Größe der vorgegebenen Gleichung die Formel $a \pm b\sqrt{-1}$

(Complem. des Elém. d'Alg.) zu substituiren, setzt man darin $r(\cos z \pm \sqrt{-1} \sin z)$, und also statt irgend einer Potenz der unbekannten Größe, $r^m(\cos mz \pm \sqrt{-1} \sin mz)$; so daß, wenn diese Gleichung vorgestellt wird durch

$$x^n + \alpha x^{n-1} + \beta x^{n-2} + \ldots\ldots + \zeta x + \eta = 0,$$

dieselbe sich verwandelt in

$$r^n \cos nz + \alpha r^{n-1} \cos(n-1)z + \beta r^{n-2} \cos(n-2)z + \ldots + \zeta r \cos z + \eta$$
$$\pm (r^n \sin nz + \alpha r^{n-1} \sin(n-1)z + \beta r^{n-2} \sin(n-2)z + \ldots + \zeta r \sin z) \sqrt{-1} = 0,$$

welche nur dadurch bewahrheitet werden kann, wenn man einzeln den reellen Theil und den imaginären Theil gleich Null setzt. Man erhält so die beiden Gleichungen

$$r^n \cos nz + \alpha r^{n-1} \cos(n-1)z + \beta r^{n-2} \cos(n-2)z + \ldots + \zeta r \cos z + \eta = 0, \quad (1.)$$
$$r^n \sin nz + \alpha r^{n-1} \sin(n-1)z + \beta r^{n-2} \sin(n-2)z + \ldots + \zeta r \sin z = 0, \quad (2.)$$

vermittelst welcher man die Größen r und z bestimmen muß.

Es ist zu bemerken, daß sie sich unmittelbar aus der vorgegebenen Gleichung herleiten, wenn man für irgend eine Potenz x^m für's Erste $r^m \cos mz$, und dann $r^m \sin mz$ substituirt, und in Bezug auf das letzte Glied bemerkt, daß $r^0 \cos 0 = 1$, $r^0 \sin 0 = 0$. Man kann sie beide darauf zurück führen, daß sie nur Cosinus enthalten: zu diesem Behufe multiplizirt man für's Erste die erste mit $\cos z$, die zweite mit $\sin z$; man addirt und subtrahirt die Produkte, indem man darauf Acht hat, daß

$$\cos mz \cos z \pm \sin mz \sin z = \cos(m \mp 1)z:$$

man erhält

$$r^n \cos(n-1)z + \alpha r^{n-1} \cos(n-2)z + \beta r^{n-2} \cos(n-3)z + \ldots + r\zeta + \eta \cos z = 0,$$
$$r^n \cos(n+1)z + \alpha r^{n-1} \cos nz + \beta r^{n-2} \cos(n-1)z + \ldots + r\zeta \cos 2z + \eta \cos z = 0,$$

und man kann alsdann, durch die Formel des §. 50. die Cosinus der Vielfachen des Bogens z in Potenz des Cosinus des einfachen Bogens verwandeln; hierdurch werden die zu findenden unbekannten Größen sein r und $\cos z$.

Nimmt man zu respektiven Faktoren derselben Gleichungen (1.) und (2.) die Größen $\sin z$ und $\cos z$, und verfährt übrigens wie oben, so könnte man diese Gleichungen in andere umformen, welche nur Sinus der vielfachen Bogen enthielten; aber sie wären unter dieser Form nicht leichter zu handhaben, als unter der ersten, weil sie denselben Grad behielten, und man kann sie kaum für andere Fälle auflösen, als für diejenigen, mit welchen wir uns in den §§. 67. und 72. beschäftigt haben; aus diesem Grunde werde ich mich nicht weiter dabei aufhalten.

§. 81.

Wir wollen nun die Form untersuchen, welche die logarithmischen Funktion, die Exponential- und Kreisfunktionen erhalten, wenn sie imaginäre Größen enthalten.

Es sey für's Erste $\log(a \pm b\sqrt{-1})$: macht man $\sqrt{a^2+b^2}=r$, $\frac{a}{r}=\cos z$, $\frac{b}{r}=\sin z$, so kommt $a \pm b\sqrt{-1}=r(\cos z \pm \sqrt{-1}\sin z)$, und folglich

$$\log(a \pm b\sqrt{-1})=\log r+\log(\cos z \pm \sqrt{-1});$$

es ist aber

$$\log(\cos z \pm \sqrt{-1}\sin z)=\pm z\sqrt{-1}\ (\S.\ 43.):$$

also

$$\log(a \pm b\sqrt{-1})=\log r \pm z\sqrt{-1}.$$

Da blos r, $\cos z$ und $\sin z$ gegeben sind, so kann man statt des Bogens z die Bogen $2\pi+z$, $4\pi+z$, ... $2i\pi+z$ nehmen, wo i eine ganze Zahl ist; so daß man für $\log(a \pm b\sqrt{-1})$ eine unendliche Anzahl von Werthen hat, welche in der Formel $\log r \pm (2i\pi+z)\sqrt{-1}$ enthalten sind.

Macht man $b=0$, so erhält man $r=a$, $\sin z=0$, $z=0$ und $\log a=\log a \pm 2i\pi\sqrt{-1}$. Dieses Resultat, welches anfangs parador erscheint, zeigt an, daß eine reelle Größe für denselben Modulus eine unendliche Anzahl von Logarithmen hat, von welchen ein einziger reell ist, derjenige nämlich, den man erhält, wenn man $i=0$ macht, und den wir durch die Charakteristik L unterscheiden wollen; wir werden also schreiben

$$\log a=La \pm 2i\pi\sqrt{-1}.$$

Die Gleichung $\pm x\sqrt{-1}=\log(\cos x \pm \sqrt{-1}\sin x)$ führt unmittelbar zu derselben Schlußfolge; denn wenn man in derselben nach einander $x=0$, $x=2\pi$, ... $x=2i\pi$ macht, so gibt sie $0=L1$, $\pm 2\pi\sqrt{-1}=\log 1$, ... $\pm 2i\pi\sqrt{-1}=\log 1$, woraus man sieht, daß die Einheit eine unendliche Anzahl von imaginären Logarithmen hat; aber da $a=1\times a$, so muß ebenfalls $\log a=\log 1+\log a$ seyn: substituirt man für $\log a$ den reellen Logarithmus La, und setzt statt $\log 1$ seinen allgemeinen Werth $\pm 2i\pi\sqrt{-1}$, so findet man eben so wie vorhin

$$\log a=La \pm 2i\pi\sqrt{-1}.$$

Um dieses richtig zu fassen, muß man sich erinnern, daß die Natur der Logarithmen blos abhängig ist von der Gleichung

$\log(ab) = \log a + \log b$. Setzt man in diese Gleichung für $\log a$ und $\log b$ ihre allgemeinen Werthe $La \pm 2i\pi\sqrt{-1}$ und $Lb \pm 2i'\pi\sqrt{-1}$, so wird die zweite Seite $La + Lb \pm 2(i+i')\pi\sqrt{-1}$ nothwendig einer der Logarithmen von ab seyn, welche in der Formel

$$\log(ab) = L(ab) \pm 2i''\pi\sqrt{-1} = La + Lb \pm 2i''\pi\sqrt{-1}$$

enthalten sind.

Welches also auch die Logarithmen von a und von b, die man zu einander addirt, seyn mögen, ihre Summe wird immer gleich seyn einem der Logarithmen des Produktes ab.

Macht man $x = 180° = \pi$, so hat man $\cos x = -1$, und setzt man $(2i+1)\pi$ statt $2i\pi$, so findet man $\log(-1) = \pm (2i+1)\pi\sqrt{-1}$; woraus wir ersehen, daß alle Logarithmen von -1 imaginär sind: es wird sich eben so mit denen von $-a$ verhalten; denn $-a = a \times -1$ und $\log(-a) = La + \log(-1)$; also $\log(-a) = La \pm (2i+1)\pi\sqrt{-1}$.

§. 82.

Die vorhergehenden Betrachtungen sind es, mit deren Hülfe Euler die Schwierigkeit in Bezug auf die Logarithmen negativer Zahlen *) gelößt hat, welche der Gegenstand einer weitläufigen Erörterung gewesen war zwischen Leibnitz und Johann Bernoulli. Der erste behauptete, daß diese Logarithmen imaginär wären; der zweite, daß sie reell und einerlei mit denen der positiven Zahlen wären. Wir können nicht in das Einzelne der Gründe eingehen, die von b:iden Seiten vorgebracht wurden; indessen bestand einer der stärksten Gründe, die man für die Realität der Logarithmen negativer Zahlen vorbrachte, darin, daß man sagte, weil $(-a)^2 = a^2$, so muß auch $\log(-a)^2 = \log a^2$, $2\log(-a) = 2\log a$ und $\log(-a) = (+a)$ seyn. Euler's Theorie bestätigt die erste Schlußfolge, und zeigt, daß die beiden andern falsch sind.

Man hat wirklich $\log(-a)^2 = 2\log(-a) = 2La \pm 2(2i+1)\pi\sqrt{-1}$; und da die Zahl $2(2i+1)$ eine gerade ist, so findet sich dieser Ausdruck enthalten in der Formel $2La \pm 2i''\pi\sqrt{-1}$, welcher alle Logarithmen von a^2 vorstellt: man hat also, in einem gewissen Sinne, $\log(-a)^2 = \log a^2$.

Vergleicht man die Ausdrücke $2\log(-a) = 2La \pm 2(2i+1)\pi\sqrt{-1}$ und $2\log a = 2La \pm 4i\pi\sqrt{-1}$, so sieht man, daß der eine nie in den andern übergehen kann, weil alle Zahlen von der Form

*) Ueber die Logarithmen negativer Zahlen s. d. Art. Logarithmus in Klügel's Wörterbuche.

$4i+2$ wesentlich verschieden sind von der Form $4i$; aber der allgemeine Ausdruck der Logarithmen von a^2 muß alle Logarithmen umfassen, die man fände, wenn man ohne Unterschied die der Faktoren dieser Größe (vorige §.) addirt: er enthält also außer dem Doppelten eines jeden Logarithmus von $+a$ und $-a$ die Summe, welche man erhält, wenn man zwei der ersten oder zwei der zweiten, welche ungleich wären, zusammen addirte.

Also $\log(-a)^2 = 2La \pm 2(i+i'+1)\pi\sqrt{-1}$ und $\log a^2 = 2La \pm 2(i+i')\pi\sqrt{-1}$. Gerade in diesen letztern Ausdrücken finden sich die Logarithmen, welche der Gleichung $\log(-a)^2 = \log a^2$ Genüge leisten, weil $2(i+i')$ immer irgend eine gerade Zahl bezeichnen kann.

Bernoulli zog ebenfalls aus der Quadratur der Hyperbel einen andern Einwurf von großem Gewichte, den Euler bestehen ließ: aber man hat ihn seitdem widerlegt, wie wir bei der Quadratur der Curven sehen werden; und obgleich d'Alembert, welcher der Meinung Bernoulli's beigetreten, Euler's Erklärung keineswegs zulassen wollte, so hat sie doch gegenwärtig die Zustimmung der ausgezeichnetsten Analysten. Ungeachtet dessen muß man einräumen, daß die Untersuchung über die Logarithmen negativer Zahlen wahrscheinlich noch nicht von aller Dunkelheit befreit ist, zumal in dem Theile, der sich auf die Betrachtung der Curven bezieht, wegen der Schwierigkeit, das Gesetz der Stetigkeit beim Durchgange durch das Unendliche zu beweisen; aber es wäre nichts desto weniger sehr unnütz, sich mit diesem Gegenstande ernstlich zu befassen, weil das wenige Dunkel, welches er behält keine mißliche Folge hat in Bezug auf die bedeutungsvollen Theorien der Mathematik, und auf Grundsätze dieser Wissenschaft, welche wahrhaft fruchtbar sind. Die allgemeinen Anwendungen der Logarithmen, und ihr Gebrauch bei der Zahlenrechnung setzt sie wesentlich als reell fest; die geringe Anzahl von Fällen, in welchen man imaginäre Logarithmen betrachtet, dient nur zur Bildung analoger Ausdrücke, die anderwärts gehörig bewiesen sind: ich verweise daher auf die in der Tabelle über diesen Gegenstand angeführten Schriften.

§. 83.

Wir haben vorhin den Ausdruck des Logarithmus der imaginären Größe $a+b\sqrt{-1} = r(\cos z + \sqrt{-1}\sin z)$ gesucht, und zum Resultat erhalten $\log r + (2i\pi + z)\sqrt{-1}$: kehrt man die Frage um, so sieht man, daß, wenn der Logarithmus vorgestellt wird durch $m + n\sqrt{-1}$, man haben wird $m = \log r$,

$n = 2i\pi + z$; und bezeichnet man mit e die Zahl, deren Neperscher Logarithmus die Einheit ist, so findet man

$$r = e^m, \ z = n, \text{ woraus } \sin z = \sin n, \ \cos z = \cos n;$$

und endlich wird $e^m(\cos n + \sqrt{-1} \sin n)$ der Ausdruck für die gesuchte Größe seyn: diese Größe wird reell seyn, wenn n Null ist, oder irgend ein Vielfaches der halben Peripherie.

§. 84.

Der Ausdruck $(a+b\sqrt{-1})^{m+n\sqrt{-1}}$ kann unter die Form $e^{(m+n\sqrt{-1})(a+b\sqrt{-1})}$ gebracht werden, weil im Allgemeinen $p^q = e^{q \log p}$, wie man sich dessen vergewissern kann, wenn man die Logarithmen nimmt. Setzt man statt $\log(a+b\sqrt{-1})$ seinen Werth $\log r + z\sqrt{-1}$, so erhält man

$$(a+b\sqrt{-1})^{m+n\sqrt{-1}} = e^{m \log r - nz + (mz + n \log r)\sqrt{-1}} = e^{m \log r - nz} e^{(mz + n \log r)\sqrt{-1}} = e^{m \log r - nz}(\cos(mz + n \log r) + \sqrt{-1} \sin(mz + n \log r));$$

und weil $e^{m \log r} = r^m$, so hat man endlich

$$(a+b\sqrt{-1})^{m+n\sqrt{-1}} = r^m e^{-nz}(\cos(mz + n \log r) + \sqrt{-1} \sin(mz + n \log r)),$$

ein Resultat, welches von der Form ist $A + B\sqrt{-1}$. Man wird sich erinnern, daß man, um diesem Resultate die völlige Allgemeinheit zu geben, die es mit sich bringt, $2i\pi + z$ statt z setzen muß.

§. 85.

Gesetzt, man habe $b = 0$, so kommt $r = a$, $z = 0$, $\cos z = 1$ und $a^{m+n\sqrt{-1}} = a^m e^{-2in\pi}(\cos(2im\pi + n \log a) + \sqrt{-1} \sin(2im\pi + n \log a))$.

Wenn a eine negative Größe wäre, so müßte man, da r immer positiv seyn muß, $z = \pi$ nehmen, woraus $\cos z = -1$, und man müßte $(2i+1)\pi$ statt $2i\pi$ schreiben, wodurch man erhielte

$$(-a)^{m+n\sqrt{-1}} = r^m e^{-(2i+1)n\pi}(\cos((2i+1)\pi m + n \log a) + \sqrt{-1} \sin((2i+1)m\pi + n \log a)).$$

Wenn a und m Null sind, so hat man

$$r = b, \ \cos z = 0, \ z = 90^\circ = \frac{\pi}{2}, \ 2i\pi + z = \frac{(4i+1)\pi}{2}$$

und

$$(b\sqrt{-1})^{n\sqrt{-1}} = e^{-\frac{(4i+1)}{2}n\pi}(\cos n \log b + \sqrt{-1} \sin n \log b);$$

wenn b negativ wäre, so nähme man $z = \frac{3\pi}{2}$ und $2i\pi + z = \frac{4i+3}{2}\pi$.

Dieser Ausdruck würde reell, in dem Falle, wenn man $b = 1$ nähme; und wenn man $n = 1$ und $i = 0$ machte, so gäbe er

$$(\sqrt{-1})^{\sqrt{-1}} = e^{-\frac{\pi}{2}} = 0{,}207879.$$

ein Resultat, welches seine Sonderbarkeit wegen, begründet zu werden verdient. Zu diesem Behufe bemerke ich, daß wenn man $\sqrt{-1}$ statt u setzt in die Reihe

$$u = u - u^{-1} - \tfrac{1}{2}(u^2 - u^{-2}) + \tfrac{1}{3}(u^3 - u^{-3}) - \text{etc. } (\S.\ 33.)$$

so kommt

$$\log \sqrt{-1} = \sqrt{-1} - \frac{1}{\sqrt{-1}} - \tfrac{1}{2}(-1+1) + \tfrac{1}{3}\left(-\sqrt{-1} + \frac{1}{\sqrt{-1}}\right) - \text{etc.}$$

$$= \frac{-2}{\sqrt{-1}}\left(1 - \tfrac{1}{3} + \tfrac{1}{5} - \tfrac{1}{7} + \text{etc.}\right).$$

Die in den Parenthesen enthaltene Reihe drückt den Werth des Bogens von 45° aus in einem Kreise, dessen Radius $= 1$ ist (§§. 43. und 53.); also

$$\log \sqrt{-1} = \frac{-2}{\sqrt{-1}} \frac{\pi}{4} = \frac{-\pi}{2\sqrt{-1}} = \frac{\pi\sqrt{-1}}{2};$$

aber da $u^u = e^{u \log u}$, so hat man

$$(\sqrt{-1})^{\sqrt{-1}} = e^{-\frac{\pi}{2}} = 1 - \frac{\pi}{2} + \frac{\pi^2}{1.2.4} - \frac{\pi}{1.2.3.8} + \text{etc.}$$

Man bemerke, daß die Gleichung $\log \sqrt{-1} = \frac{\pi\sqrt{-1}}{2}$, zu welcher wir eben gelangt sind, gibt $\pi = \frac{2 \log \sqrt{-1}}{\sqrt{-1}}$ und $2\pi = \frac{4 \log \sqrt{-1}}{\sqrt{-1}}$.

Dieser Ausdruck der Peripherie des Kreises, der sich auch aus der Gleichung $x\sqrt{-1} = \log(\cos x + \sqrt{-1} \sin x)$ ergibt, wenn man darin $x = \frac{\pi}{2}$ macht, und der von Johann Bernoulli aufgefunden ist, ist nur ein abgekürztes Symbol, welches eine unendliche Reihe vorstellt. (§. 42.)

§. 86.

Gesetzt man habe die Kreisfunktion $\sin(a \pm b\sqrt{-1})$; so erhält man

$$\sin(a \pm b\sqrt{-1}) = \sin a \cos(b\sqrt{-1}) \pm \cos a \sin(b\sqrt{-1}).$$

Um $\sin(b\sqrt{-1})$ und $\cos(b\sqrt{-1})$ zu erhalten, setze man $b\sqrt{-1}$ statt x in die Formeln des §. 41.; so erhält man

$$\sin(b\sqrt{-1}) = \frac{e^{-b} - e^{b}}{2\sqrt{-1}} = \left(\frac{e^{b} - e^{-b}}{2}\right)\sqrt{-1}, \quad \cos(b\sqrt{-1}) = \frac{e^{-b} + e^{b}}{2}.$$

Substituirt man diese Werthe, so kommt

$$\sin(a \pm b\sqrt{-1}) = \left(\frac{e^{b} + e^{-b}}{2}\right)\sin a \pm \sqrt{-1}\left(\frac{e^{b} - e^{-b}}{2}\right)\cos a.$$

Man würde ebenfalls finden.

$$\cos(a \pm b\sqrt{-1}) = \left(\frac{e^{b} + e^{-b}}{2}\right)\cos a \mp \sqrt{-1}\left(\frac{e^{b} - e^{-b}}{2}\right)\sin a;$$

und man könnte auf dieselbe Weise zu den Ausdrücken der übrigen Kreisfunktionen, wie die Tangente, die Sekante rc. gelangen.

Wenn $a = 2i\pi \pm \frac{\pi}{2} = \frac{(4i \pm 1)\pi}{2}$, so folgt daraus

$\sin a = \pm 1$, $\cos a = 0$, und $\sin(a \pm b\sqrt{-1}) = \pm \frac{1}{2}(e^{b} + e^{-b})$; die Annahme $a = i\pi$ gibt auch $\cos(a \pm b\sqrt{-1}) = \pm \frac{1}{2}(e^{b} + e^{-b})$, weil in diesem Falle $\sin a = 0$ und $\cos a = \pm 1$, je nachdem i gerade oder ungerade ist: es gibt also imaginäre Bogen, deren Sinus oder Cosinus einen rellen Werth hat. Man muß indessen bemerken, daß dieser Werth mit der Natur des Kreises im Widerspruche steht; denn so lange b nicht 0 ist, in welchem Falle der Bogen reell wäre, übertrifft die Größe $\frac{1}{2}(e^{b} + e^{-b}) = \frac{1}{2}\frac{e^{2b} + 1}{e^{b}}$ immer die Einheit, oder den Radius, was weder mit einem Sinus noch mit einem Cosinus, der im Kreise genommen ist, der Fall seyn kann. *)

Man könnte noch andere bedeutende Schlußfolgen ziehen aus den Resultaten, welche wir in diesem §. erhalten haben; und wenn man die Frage, die uns dazu geführt, umkehrte, so

---

*) Man wird in der Folge sehen, daß die Existenz dieser Sinus und Cosinus, welche zu imaginären Bogen gehören, sich auf die Natur der gleichseitigen Hyperbel bezieht, eine Curve, deren Eigenthümlichkeiten die größte Aehnlichkeit mit denen des Kreises haben.

gelangte man zu dem Ausdrucke der imaginären Bogen, welche den imaginären Sinus oder Cosinus, oder vielmehr den reellen Sinus oder Cosinus, welche größer sind als der Radius, entsprechen: indessen verweise ich in Bezug auf diese Ausführungen auf die in der Tabelle angeführte Schrift Euler's. *)

§. 87.

Die Resultate der §§. 79, 81, 83, 84 und 86 beweisen, daß alle explizite Funktionen, sie mögen nun algebraische, logarithmische, exponentielle oder zirkulare Funktionen seyn, sich, wenn sie imaginär sind, auf die Form $A + B\sqrt{-1}$ zurück führen lassen.

*) Memoires de l'Academie de Berlin, année 1749, pages 122 et 139.

Zusätze.

Zu §. 3.

Man theilt die algebraischen Funktionen ein in **rationale** und **irrationale**. Erstere sind solche, in welchen die veränderliche Gröze mit keinem Wurzelzeichen oder gebrochenen Exponenten behaftet ist, z. B. $\frac{ax+x^2}{a}$, ax^2+bx+c, $\frac{a^2+x^2}{b+x}$; letztere dagegen solche, in welchen dieser Fall obwaltet, z. B. $x^{\frac{5}{7}}+ax^{\frac{2}{3}}+b$, $x+\sqrt[3]{x^2-b}$, $\sqrt[5]{ax^3+bx^2+cx+d}$.

Ferner unterscheidet man bei denselben **ganze** und **gebrochene** Funktionen. Jene sind solche, in welchen die veränderliche Gröze weder mit einem negativen Exponenten, noch in irgend einem Nenner vorkommt, z. B. $a+bx+cx^2$, $x(a+b)-cx^3$; diese dagegen solche, in welchen einer der genannten Umstände, oder beide zugleich statt finden, z. B. $\frac{ax^2-b}{x}$, $\frac{ax^3+bx-cx^{-2}}{\alpha+\beta x+\gamma x^2}$.

Der Leser übe sich in Aufstellung mehrerer Beispiele von **ganzen rationalen**, **ganzen irrationalen**, **gebrochenen rationalen**, **gebrochenen irrationalen** Funktionen

Die fernern Eintheilungen der algebraischen Funktionen in **unmittelbare** und **mittelbare**, **einförmige** und **mehrförmige**, **gerade** und **ungerade**, **gleichartige** und **ungleichartige**, **ähnliche** und **unähnliche** u. s. w. können vorläufig übergangen werden. Ich lasse statt dessen die ersten und unentbehrlichsten Sätze über die Verwandlung der Funktionen folgen.

1. Jede ganze rationale Funktion einer veränderlichen Größe x kann unter die Form $A+Bx+Cx^2+Dx^3+$ ꝛc. gebracht werden. Man habe z. B. folgende Funktion von x.

$$6adfx^5-3ax^7+bcx-abdx^2+9abcx^4+bd-8adcx^3-efg+bx^2.$$

Ordnet man sie nach den Potenzen von x, so kommt

$$(bd-efg)+bcx+(b-abd)x^2-8adcx^3+9abcx^4+6adfx^5-3ax^7.$$

Setzt man nun $bd-efg=A$, $bc=B$, $b-abd=C$, $8adc=D$, $9abc=E$, $6adf=F$, $0=G$, $-3a=H$, so erhält man $A+Bx+Cx^2+Dx^3+Ex^4+Fx^5+Gx^6+Hx^7$ für die vorgegebene Funktion.

2. Wenn zwei oder mehrere Funktionen einer veränderlichen Größe von derselben Form mit einander multiplizirt werden, so ist das Produkt eine Funktion von derselben Form.

Man habe z. B. die Funktionen

$$A + Bx + Cx^2 + Dx^3 + \text{rc.}$$

$$\text{und } a + bx + cx^2 + dx^3 + \text{rc.}$$

Multiplicirt man sie, und ordnet das Resultat nach den Potenzen von x, so kommt

$$\begin{aligned} Aa + aBx &+ aCx^2 + aDx^3 + \text{rc.} \\ + bAx &+ bBx^2 + bCx^3 + \text{rc.} \\ &+ cAx^2 + cBx^3 + \text{rc.} \\ &\qquad + dAx^3 + \text{rc.} \end{aligned}$$

Setzt man nun $Aa = \alpha$, $aB + bA = \beta$, $aC + bB + cA = \gamma$, $ad + bC + cB + dA = \delta$, so erhält man $\alpha + \beta x + \gamma x^2 + \delta x^3 + \text{rc.}$, eine Funktion, die mit den beiden gegebenen, deren Produkt sie ist, dieselbe Form hat. Daß sich der Satz auch auf ein Produkt aus mehrern Faktoren, und somit auch auf jede Potenz eines ganzen Exponenten ausdehnen läßt, ergibt sich von selbst.

3. Jede gebrochene rationale Funktion einer veränderlichen Größe kann dadurch, daß man die Brüche sämmtlich auf einerlei Benennung bringt auf die Form

$$\frac{A + Bx + Cx^2 + Dx^3 + Ex^4 + \text{rc.}}{\alpha + \beta x + \gamma x^2 + \delta x^3 + \varepsilon x^4 + \text{rc.}}$$

gebracht werden. Da aber diese Funktion vollkommen einerlei ist mit

$$A + Bx + Cx^2 + Dx^3 + Ex^4 + \text{rc.} \times \frac{1}{\alpha + \beta x + \gamma x^2 + \delta x^3 + \varepsilon x^4 + \text{rc.}},$$

und der Bruchfakto· sich durch bloße Division verwandeln läßt in

$$A' + B'x + C'x^2 + D'x^3 + E'x^4 + \text{rc.}$$

so reduzirt sich die vorgegebene Funktion, nach 2., auf

$$A'' + B''x + C''x^2 + D''x^3 + E''x^4 + \text{rc.},$$

oder, mit Weglassung der Marken, auf

$$A + Bx + Cx^2 + Dx^3 + Ex^4 + \text{rc.}$$

Es kann also sowohl jede ganze rationale als auch jede gebrochene rationale Funktion auf die vorige Form gebracht werden.

Zu §. 5.

Um die Newton'sche Formel für irgend eine Potenz m eines Binoms a+b auf die vom Verfasser angegebene Form zu bringen, bemerke man Folgendes.

Ihre ursprüngliche Form ist:

$$(a+b)^m = a^m + \frac{m}{1} a^{m-1} b + \frac{m(m-1)}{1.2} a^{m-2} b^2 + \frac{m(m-1)(m-2)}{1.2.3} a^{m-3} b^3 + \text{rc.}$$

zieht man aus beiden Seiten die mte Wurzel, so erhält man

$$a+b = \sqrt[m]{\left(a^m + \frac{m}{1} a^{m-1} b + \frac{m(m-1)}{1.2} a^{m-2} b^2 + \frac{m(m-1)(m-2)}{1.2.3} a^{m-3} b^3 + \text{rc.}\right)}.$$

Werden nun beide Seiten durch a dividirt, so kommt

$$1+\frac{b}{a} = \frac{\sqrt[m]{\left(a^m + \frac{m}{1} a^{m-1} b + \frac{m(m-1)}{1.2} a^{m-2} b^2 + \frac{m(m-1)(m-2)}{1.2.3} a^{m-3} b^3 + \text{rc.}\right)}}{a}$$

oder

$$1+\frac{b}{a} = \frac{\sqrt[m]{\left(a^m + \frac{m}{1} a^{m-1} b + \frac{m(m-1)}{1.2} a^{m-2} b^2 b^2 + \frac{m(m-1)(m-2)}{1.2.3} a^{m-3} b^3 + \text{rc.}\right)}}{\sqrt[m]{a^m}}$$

$$= \sqrt[m]{\left\{\frac{a^m + \frac{m}{1} a^{m-1} b + \frac{m(m-1)}{1.2} a^{m-2} b^2 + \frac{m(m-1)(m-2)}{1.2.3} a^{m-3} b^3 + \text{rc.}}{a^m}\right\}},$$

und wenn auf der zweiten Seite die Division durch a^m vollzogen wird, so erhält man

$$1+\frac{b}{a} = \sqrt[m]{\left(1 + \frac{m}{1} \cdot \frac{b}{a} + \frac{m(m-1)}{1.2} \cdot \frac{b^2}{a^2} + \frac{m(m-1)(m-2)}{1.2.3} \cdot \frac{b^3}{a^3} + \text{rc.}\right)}.$$

Setzt man nun statt $\frac{b}{a}$ die Größe x, und erhebt beide Seiten auf die mte Potenz, so erhält man die Form des Verfassers.

Um die Behauptung des Verfassers, wenn er sagt: „es folgt hieraus, daß das Verhältniß der aufeinander folgenden Glieder in vorstehender Reihe sich dem Werthe —x immer mehr nähert, und daß folglich diese Reihe, welches auch ihre ersten Glieder seyn mögen, am Schlusse immer divergirend werden muß, wenn der Werth von x die Einheit übersteigt" gehörig zu erfassen, erwäge man, daß, weil Nichts über die Zeichen der Zahlen m und x festgesetzt ist, diese als positiv angesehen werden, und wenn also das Verhältniß der aufeinander folgenden Glieder sich dem Werthe $-x$ immer mehr nähert, so heißt dieses: es erfolgt im Verlaufe der Reihe endlich ein Zeichenwechsel, so daß, wenn die ersten Glieder bis zu einer gewissen Grenze sämmtlich positiv waren, sie endlich negativ werden, und hieraus ergibt sich von selbst, daß die Reihe am Schlusse divergirend werden muß. — Zu noch größerer Deutlichkeit empfehle ich dem Leser die Aufstellung einiger Zahlenbeispiele des Falles, in welchen x die Einheit übersteigt.

Zu §. 7.

Unter der Grenze (limite) einer convergirenden geometrischen Reihe die ohne Ende fortläuft, (und von solchen ist hier nur die Rede, so wie auch der Begriff, wie aus seiner Erläuterung sogleich erhellen wird, nur auf solche anwendbar ist) versteht man diejenige Größe, zu welcher die Summe der Glieder fortwährend heranstrebt, je mehr Glieder man nimmt, welche sie aber dennoch nie vollkommen erreicht. Bezeichnet man nämlich das erste Glied einer geometrischen Reihe mit a, den Quotienten mit q, die Anzahl der Glieder mit n, so ist der eine Ausdruck für die Summe der Glieder, letztere durch S vorgestellt

$$S = \frac{a(q^n - 1)}{q - 1}.$$

Gesetzt nun, q wäre ein echter Bruch, den ich durch $\frac{1}{p}$ vorstelle, so verwandelt sich die obige Formel in

$$S = a\frac{\left(\frac{1}{p^n} - 1\right)}{\frac{1}{p} - 1} = \frac{ap\left(1 - \frac{1}{p^n}\right)}{p - 1} = \frac{ap - \frac{a}{p^{n-1}}}{p - 1}.$$

Je größer nun die Zahl n wird, (und bei unendlichen Reihen ist sie unendlich groß) desto kleiner wird der Bruch $\frac{a}{p^{n-1}}$, indem sein Zähler konstant ist, desto mehr nähert sich also auch der Werth von S der Größe $\frac{ap}{p-1}$, ohne sie jedoch je vollständig zu erreichen. Diese letztere heißt die Grenze der vorliegenden Reihe.

Man erhält also die Grenze einer Reihe, wenn man das erste Glied mit dem reziproken *) Werthe des Quotienten multiplizirt, und dieses Produkt durch den um die Einheit verminderten reziproken Werth des Quotienten dividirt.

Demnach ist die Grenze der Reihe

$$N + N\left(1-\frac{m+1}{n}\right)x + N\left(1-\frac{m+1}{n}\right)x\left(1-\frac{m+1}{n}\right)x + \text{etc.}$$

$$\frac{N.\dfrac{1}{\left(1-\frac{m+1}{n}\right)x}}{\dfrac{1}{\left(1-\frac{m+1}{n}\right)x}-1} \text{ oder } \frac{\dfrac{N}{\left(1-\frac{m+1}{n}\right)x}}{\dfrac{1-\left(1-\frac{m+1}{n}\right)x}{\left(1-\frac{m+1}{n}\right)x}},$$

welches nach vollzogener Division gibt

$$\frac{N}{1-\left(1-\frac{m+1}{n}\right)x}.$$

Eben so wird die Grenze der Reihe.

$$N + Nx + Nx.x + \text{etc.}$$

seyn:

$$\frac{N.\frac{1}{x}}{\frac{1}{x}-1} \text{ oder } \frac{\frac{N}{x}}{\frac{1-x}{x}} \text{ oder } \frac{N}{1-x}.$$

Zu §. 10.

Es wird kaum nöthig seyn, zur Entscheidung der Frage über die Zulässigkeit oder Unzulässikeit des Begriffs der Grenze Beispiele aus der Analysis vorweg zu nehmen. Schon die gemeine Arithmetik bietet deren eine ganze Gattung dar in den periodischen Dezimalbrüchen. Bekanntlich hat jeder periodische Dezimalbruch einen vollkommnen genauen Werth. Zerlegt man aber erstere in eine geometrische Reihe, und sucht ihre Summe, so wird man, so viele Glieder man auch nimmt, dennoch nie

*) Unter dem reziproken Werthe irgend einer Größe a versteht man den Quotienten $\frac{1}{a}$.

zu einem Werthe gelangen, der dem anderweitig bekannten genauen Werthe gleich käme, es sey denn, daß man eine gewisse, immer kleiner und kleiner werdende Größe außer Acht ließe. Es geht hieraus hervor, daß für die betreffende Untersuchung jene genannte kleine Größe nicht allein als Null angesehen werden kann, sondern als Null angesehen werden muß, wenn schon sie absolute nie Null wird. Der bekannte genaue Werth des Dezimalbruchs ist also die Grenze jener unendlichen Reihe.

Ich nehme zur Erläuterung ein Beispiel.

Der periodische Dezimalbruch 0,373737............ liefert die Quotientenreihe

$$37\left(\frac{1}{100}+\frac{1}{10000}+\frac{1}{1000000}+\ldots\ldots\ldots\ldots\right).$$

Bekanntlich ist der Summenausdruck für eine geometrische Reihe, wenn man ihn selbst mit S, das erste Glied der Reihe mit a, den Quotienten mit q und die Anzahl der Glieder mit n bezeichnet,

$$S=\frac{a(q^n-1)}{q-1}.$$

Wendet man ihn an auf die in der Parenthese enthaltene Reihe, so kommt

$$S=\frac{\frac{1}{100}\left(\left(\frac{1}{100}\right)^n-1\right)}{\frac{1}{100}-1}=\frac{\frac{1}{100}\left(1-\left(\frac{1}{100}\right)^n\right)}{1-\frac{1}{100}}$$

$$=\frac{\frac{1}{100}\left(1-\frac{1}{(100)^n}\right)}{1-\frac{1}{100}}=\frac{\frac{1}{100}\left(1-\frac{1}{(100)^n}\right)}{\frac{99}{100}}.$$

Nur durch das Außerachtlassen der Größe $\frac{1}{(100)^n}$, die mit der Zunahme von n immer kleiner wird, und kleiner werden kann, als jede gegebene noch so kleine Größe, erhält man denjenigen Werth, nämlich $\frac{1}{99}$, der für die Reihe in der obigen Parenthese substituirt den dem periodischen Dezimalbruche 0,373737....., entsprechenden genauen Werth $\frac{37}{99}$ liefert. Wenn schon also die Reihe 0,373737..... den Werth $\frac{37}{99}$ absolute nie erreicht, so ist doch, wie aus der vorigen Darstellung zur Genüge erhellet, die Bedeutung des Bruches $\frac{37}{99}$ als Grenze gehörig gerechtfertigt. —

Was das Verhältniß verschwindender Größe betrifft, so läßt sich auf geometrischem Wege entscheidend darthun, daß dieses der Grenze fähig ist. Ich wähle als Beispiel das von Lacroix in seinem **Traité élémentaire du Calcul différential et du Calcul intégral, §. 61.**, zum Belege derselben Behauptung genommene.

Bekanntlich ist jede Funktion einer einzigen veränderlichen Größe durch die Ordinate einer Curve vorstellbar, in welcher die Abzisse als die veränderliche Größe selbst angesehen werden darf. Es sey nun (Fig. 4.) CD irgend eine Curve, AB die Abszissenare, GFE eine willkührliche Sekante, G der Durchschnittspunkt derselben mit der Abszissenare, F und E ihre Durchschnittspunkte mit der Curve, FH und EI die senkrechten Ordinaten der Punkte F und E. Zieht man aus F die FL parallel mit GI, so sind die Dreiecke GHF und FLE ähnlich, und folglich verhält sich

$$GH : HF = FL : EL$$

also $$\frac{HG}{FH} = \frac{FL}{EL}.$$

Da nun FL und EL die respektiven Zunahmen der Abszisse und Ordinate für den Punkt E bezeichnen, so sagt die obige Gleichung, daß das Verhältniß dieser Zunahmen dem Verhältnisse der Linie GH zu der Ordinate gleich ist. Gesetzt nun, der Punkt E näherte sich unaufhörlich dem Punkte F, so nähert sich der Punkt G offenbar immer mehr dem Punkte K. Kommt endlich der Punkt E in F an, so befindet sich der Punkt G in K, wenn nämlich KF eine Tangente der Curve in F ist. Die beiderseitigen Zunahmen der Abszisse und Ordinate sind nun absolute Null geworden; ihr Verhältniß aber ist offenbar dem Verhältnisse $\frac{KH}{FH}$, d. i. dem Verhältnisse der Subtangente zur Ordinate gleich geworden, und also keineswegs mit den Zunahmen selbst verschwunden.

Zu §. 14.

Der in die Differential-Rechnung eintretende Anfänger möge ja die Bemerkung des Verfassers gehörig in's Auge fassen, wenn er sagt, daß das unendlich Große und unendlich Kleine nie auf eine absolute Weise betrachtet vorkommt, sondern daß es sich, da wo es vorkommt, immer um Verhältnisse handelt, welche zu gewissen angebbaren Grenzen hinstreben. Mit Rücksicht auf diese Bemerkung läßt es sich leicht anschaulich machen, daß die Eintheilung des unendlich Großen sowohl als des unendlich Kleinen in mehrere Ordnungen oder Grade ohne alles Bedenken zulässig ist. Auf rechnende Weise ergibt sich dieses schon aus der einfachen Proportion

$$a : b = c : d.$$

Gesetzt nämlich, a bedeute hier irgend eine Zahl etwa 1, b sey eine unendlich große Zahl, deren bekanntes Symbol ∞ ist, so ist das Verhältniß $a : b$ dem Verhältnisse $1 : \infty$ gleich. Behandelt man die beiden Glieder des Verhältnisses $1 : \infty$, der Leichtigkeit der Vorstellung wegen als endliche Größen, und nimmt den Satz zu Hülfe, daß ein Verhältniß durch Multiplikation seiner Glieder mit derselben Größe nicht geändert, so ist offenbar

$$1 : \infty = \infty : \infty^2.$$

Diese Proportion aber sagt mit Bestimmtheit aus, daß wenn 1 in Beziehung auf ∞ verschwindet, so muß auch ∞ in Beziehung auf ∞^2 verschwinden. Die Größe ∞^2 kann also als eine unendliche große der zweiten Ordnung angesehen werden. Auf dieselbe Weise ergeben sich die höhern Ordnungen des unendlich Großen.

Umgekehrt, gesetzt b bedeute eine unendlich kleine Zahl, deren Symbol, wie bekannt, $\frac{1}{\infty}$ ist, so geht das Verhältniß $a : b$ in $1 : \frac{1}{\infty}$ über, und mit Hinzuziehung desselben Satzes folgt

$$1 : \frac{1}{\infty} = \frac{1}{\infty} : \frac{1}{\infty^2}.$$

Und diese Proportion sagt eben so deutlich aus, daß, wenn $\frac{1}{\infty}$ in Beziehung auf 1 verschwindet, so verschwindet auch $\frac{1}{\infty^2}$ in Beziehung auf $\frac{1}{\infty}$. Die Größe $\frac{1}{\infty^2}$ kann also als unendlich kleine Größe der zweiten Ordnung betrachtet werden. Und so ergeben sich nun auch die unendlich kleinen Größen der folgenden Ordnungen.

Auf geometrischem Wege läßt sich die Zulässigkeit der verschiedenen Grade des Unendlichen noch anschaulicher nachweisen.

Es sey amb ein Halbkreis, ad ein unendlich kleiner Bogen, so ist der Sinus df ein unendlich Kleines der ersten Ordnung, der Sinusversus af ein unendliches Kleines der zweiten Ordnung, und die Differenz zwischen Sinus und Tangente ein un=

endlich Kleines der dritten Ordnung. Denn nach einem bekannten Satze hat man

$$af : fd = df : fb.$$

Verschwindet nun df in Bezug auf fb, (und dieses ist offenbar der Fall, indem die Sinus, so wie auch die Tangente sehr kleiner Bogen mit diesen für übereinstimmend gehalten werden dürfen), so verschwindet auch af in Bezug auf fd. Es ist also fd ein unendlich Kleines der zweiten Ordnung. Da ferner

$$gh : hd = df : fc,$$

df aber in Bezug auf fc eben sowohl wie auf fb verschwindet, so verschwindet gh ebenfalls in Bezug auf hd, und weil hd ein unendlich Kleines von der zweiten Ordnung ist, so muß folglich gh als unendlich Kleines der dritten Ordnung angesehen werden.

Zu §. 15.

Den Grund für die Herleitung der Gleichungen

$$A' = Aa'$$
$$A^2 = Ba'' + Aa'$$
$$AB = Ca''' + Ba''$$
$$AC = Da^{IV} + Ca'''.$$

ꝛc.

und der daraus folgenden Werthe

$$A = Aa''$$
$$B = \frac{A(A-a')}{a''}$$
$$C = \frac{B(A-a'')}{a'''}$$
$$D = \frac{C(A-a''')}{a^{IV}}$$

ꝛc.

liefert folgender Satz aus der Funktionenlehre:

Wenn eine Funktion von der Form

$$A + Bx + Cx^2 + Dx^3 + Ex^4 + ꝛc.,$$

in welcher die Coeffizienten A, B, C, D, E, ꝛc. von x ganz unabhängige Größen sind, für jeden beliebigen Werth von x, also auch für $x = 0$, immer gleich 0 bleibt, so müssen die beständigen Coeffizienten A, B, C, ꝛc. alle gleich Null seyn.

Beweis. Man setze $x = 0$, so reduzirt sich die Funktion auf ihr erstes Glied, und man erhält also $A = 0$. Mit Weglassung von A bleibt mithin

$$Bx + Cx^2 + Dx^3 + Ex^4 + \text{ꝛc.} = 0,$$

Dividirt man beide Seiten durch x, so kommt

$$B + Cx + Dx^2 + Ex^3 + \text{ꝛc.} = 0.$$

Setzt man hierin abermals $x = 0$, so erhält man

$$B = 0.$$

Mit Weglassung von B bleibt also

$$Cx + Dx^2 + Ex^3 + \text{ꝛc.} = 0.$$

oder $C + Dx + Ex^2 + \text{ꝛc.} = 0.$

Setzt man wiederum $x = 0$, so folgt

$$C = 0, \text{ ꝛc.}$$

Die Richtigkeit des Satzes ergibt sich auch auf folgende Weise.

Man nehme eine bestimmte Anzahl von Gliedern, etwa

$$A + Bx + Cx^2 + Dx^3,$$

und setze hierin für x so viele Werthe als zur Bestimmung der Coeffizienten A, B, C, D nöthig, etwa $x = 1$, $x = 2$, $x = 3$, $x = 4$, so erhält man die 4 Gleichungen

$$\begin{aligned} A + B + C + D &= 0 \\ A + 2B + 4C + 8D &= 0 \\ A + 3B + 9C + 27D &= 0 \\ A + 4B + 16C + 64D &= 0, \end{aligned}$$

woraus sich durch Ausführung der Rechnung $A = 0$, $B = 0$, $C = 0$, $D = 0$ ergibt. Und auf diese Art läßt sich für jede beliebige Anzahl von Gliedern die Richtigkeit der Behauptung herleiten. —

Um nun vermittelst dieses Satzes die oben angeführten Resultate zu erhalten, bringe man sämmtliche Glieder der Gleichung

$$Ap^m a' \left.\begin{array}{r} + Bp^{m-1}a'' \\ + Ap^{m-1}a' \end{array}\right\} x \left.\begin{array}{r} + Cp^{m-2}a''' \\ + Bp^{m-2}a'' \end{array}\right\} x^2 \left.\begin{array}{r} + Dp^{m-3}a^{IV} \\ + Cp^{m-3}a''' \end{array}\right\} x^3 + \text{ꝛc.} =$$
$$Ap^m + A^2p^{m-1}x + ABp^{m-2}x^2 + ACp^{m-3}x^3 + \text{ꝛc.}$$

auf eine Seite. Man erhält alsdann

$$\left.\begin{array}{r} Ap^m a' \\ -Ap^m \end{array}\right\} \left.\begin{array}{r} + Bp^{m-1}a'' \\ + Ap^{m-1}a' \\ - A^2p^{m-1} \end{array}\right\} x \left.\begin{array}{r} + Cp^{m-2}a'' \\ + Bp^{m-2}a'' \\ - ABp^{m-2} \end{array}\right\} x^2 \left.\begin{array}{r} + Dp^{m-3}a^{IV} \\ + Cp^{m-3}a''' \\ - ACp^{m-3} \end{array}\right\} x^3 + \text{ꝛc.} = 0$$

Da nun diese Funktion für jeden beliebigen Werth von x gleich Null seyn soll, so müssen die beständigen Coeffizienten gleich Null seyn. Setzt man sie einzeln gleich Null, so erhält man die obigen Gleichungen, und aus diesen die Werthe der Coeffizienten A, B, C, D, ꝛc.

Zu §. 18.

Wenn man zur Entwickelung irgend einer Funktion einer veränderlichen Größe nach den Potenzen dieser letztern, die Supposition macht, daß man die Funktion irgend einer Folge dieser Potenzen, z. B.

$$A + Bx + Cx^2 + Dx^3 + Ex^4 + \text{rc.}$$

$$\text{oder } A + Bx^{\frac{1}{2}} + Cx^{\frac{3}{2}} + Dx^{\frac{5}{2}} + Ex^{\frac{7}{2}} + \text{rc.}$$

$$\text{oder } A + Bx + Cx^3 + Dx^5 + Ex^7 + \text{rc.}$$

gleich setzt, indem man die Wahl darunter nach den vorhandenen Bestimmungsgründen (und diese betreffen nur das Vorhandenseyn oder Nichtvorhandenseyn der veränderlichen Größe im ersten Gliede, und das Gesetz der Aufeinanderfolge der Exponenten) trifft, und alsdann nach dem im Zusatze zu §. 15. mitgetheilten Satze die Coeffizienten A, B, C, D, E, rc. ermittelt, so werden, wenn man die Folge der Exponenten falsch genommen hat, Widersprüche bei der Bestimmung dieser Coeffizienten entstehen. Was das Vorhandenseyn der veränderlichen Größe im ersten Gliede betrifft, so läßt sich dieses leicht erkennen, wenn man in der Funktion selbst und in der dafür angenommenen Reihe die veränderliche Größe gleich Null setzt. Reduzirt sich dann die Funktion auf Null, so muß die veränderliche Größe auch im ersten Gliede der angenommenen Reihe vorkommen; im Gegentheile, wenn sie sich auf irgend eine konstante Größe reduzirt, so darf das erste Glied der angenommenen Reihe die veränderliche Größe nicht enthalten.

Zu §. 21.

Man nennt *Methode der unbestimmten Coeffizienten* die Art der Entwickelung irgend einer Funktion in eine Reihe nach Potenzen der veränderlichen Größe, wenn man die vorgegebene Funktion irgend einer schicklich gewählten Folge dieser Potenzen, z. B.

$$A + Bx + Cx^2 + Dx^3 + \text{rc.}$$

gleich setzt, und die noch *unbestimmten Coeffizienten* A, B, C, die als Größen angesehen werden müssen, *welche von der veränderlichen Größe x gänzlich unabhängig sind*, zu ermitteln sucht. —

Eine Anwendung dieser Methode liefert der Zusatz zu §. 59.

Zu §. 27.

Um die Logarithmen aller Zahlen, welche nach einem gegebenen Systeme bekannt sind, wie dieses z. B. mit den Briggischen der Fall ist, welche in mehreren Tafeln zusammengestellt sind) für ein anderes System, d. h. für irgend eine andere Basis zu finden, bemerke man Folgendes:

Es sey α der Briggische Logarithmus irgend einer Zahl a, so hat man

$$10^{\alpha} = a.$$

Es sei ferner der Logarithmus derselben Zahl a nach irgend einem andern Systeme, dessen Basis etwa 9 wäre, x so ist ebenfalls.

$$9^{x} = a;$$

mithin

$$10^{\alpha} = 9^{x}.$$

Nimmt man beiderseits die Logarithmen nach dem bekannten Briggischen Systeme, so kommt

$$\alpha \log 10 = x \log 9;$$

also

$$x = \frac{\alpha . \log 10}{\log 9}$$

$$= \alpha . \frac{\log 10}{\log 9}.$$

Da aber in jedem Systeme der Logarithmus der Basis 1 ist, so reduzirt sich der Werth von x auf

$$x = \alpha . \frac{1}{\log 9}.$$

Die Größe $\frac{1}{\log 9}$ ist es nun, welche den Namen Modulus bekommt, und sie ist also diejenige Größe, womit die Logarithmen der Zahlen eines bekannten Systems multiplizirt werden müssen, um die Logarithmen derselben Zahlen für eine andere Basis zu erhalten. Ihr Zahlwerth in Worte eingekleidet heißt: das Reziproke des Logarithmus der neuen Basis nach dem alten Systeme.

Zu §. 30.

Die Behauptung des Verfassers, wenn er sagt: „eine sehr wichtige Schlußfolge bietet sich hier dar, daß nämlich jede Reihe, deren Glieder schneller abnehmen, als die der Reihe

$$1 + \tfrac{1}{2} + \tfrac{1}{3} + \tfrac{1}{4} + \tfrac{1}{5} + \text{rc.}$$

nothwendig eine Grenze haben müsse" befremdet auf den ersten Blick, da fast unmittelbar vorher von ihm nachgewiesen worden ist, daß die Reihe.

$$1 + \tfrac{1}{3} + \tfrac{1}{5} + \tfrac{1}{7} + \tfrac{1}{9} + \text{rc.},$$

deren Glieder wirklich schneller abzunehmen scheinen, dennoch keiner Grenze fähig ist. Da sich indessen gegen seine Begründung beider Behauptungen nichts einwenden läßt, so bemerke ich zur Lösung dieses scheinbaren Paradoxon Folgendes: Die Reihe

$$1+\tfrac{1}{3}+\tfrac{1}{5}+\tfrac{1}{7}+\tfrac{1}{9}+ \text{ꝛc.}$$

hat zum nten Gliede offenbar

$$\frac{1}{2n-1}$$

und also zum darauf folgenden (n+1)ten

$$\frac{1}{2n+1}.$$

Der Exponent des Verhältnisses zweier aufeinander folgenden Glieder ist mithin

$$\frac{1}{2n-1}:\frac{1}{2n+1} \text{ oder } \frac{2n+1}{2n-1};$$

da aber dieser Ausdruck, je größer als n wird, sich der Einheit immer mehr nähert, und dieses keinen andern Sinn hat, als: je weiter die Reihe fortschreitet, desto mehr nähern sich die Glieder der Gleichheit, so folgt hieraus, daß die Reihe nicht konvergent seyn und also auch keiner Grenze fähig seyn kann.

Eine ganz ähnliche Betrachtung zeigt die Nichtkonvergenz der Reihe

$$1+\tfrac{1}{2}+\tfrac{1}{3}+\tfrac{1}{4}+\tfrac{1}{5}+ \text{ꝛc.}$$

Zwei aufeinander folgende Glieder derselben sind offenbar von der Form

$$\frac{1}{n} \text{ und } \frac{1}{n+1},$$

der Exponent ihres Verhältnisses ist also

$$\frac{n+1}{n},$$

und dieser Ausdruck nähert sich ebenfalls, je größer n wird immer mehr der Einheit.

Wenn schon also die Glieder der Reihe

$$1+\tfrac{1}{3}+\tfrac{1}{5}+\tfrac{1}{7}+\tfrac{1}{9}+ \text{ꝛc.}$$

wirklich schneller abzunehmen scheinen als die der Reihe

$$1+\tfrac{1}{2}+\tfrac{1}{3}+\tfrac{1}{4}+\tfrac{1}{5}+ \text{ꝛc.}$$

so ist dieses in Bezug auf den Begriff der Grenze nicht der Fall, da sich, wenn man sie als unendlich fortlaufende Reihen betrachtet, der Exponent des Verhältnisses zweier aufeinander folgender Glieder in beiden Reihen der Einheit immer mehr nähert, und sie müssen also beide als gleich divergent angesehen werden.

Zu §. 37. Anmerk.

Um trigonometrische Formeln, die für den Radius 1 ausgedrückt sind, für den Radius r umzuwandeln, muß die Dimension auf beiden Seiten der Formel hergestellt werden, oder die Formel muß, wie der Verfasser sagt, homogen gemacht werden. Was man unter Dimension einer Formel überhaupt versteht, und wie dieselbe hergestellt wird, muß dem mit der Trigonometrie Vertrauten bekannt seyn. Ich füge hier indessen eine allgemeine Regel in Bezug auf die Formeln der Trigonometrie bei, die theils ihrer Kürze wegen zu beachten ist, theils deswegen, weil sie bei verwickelten trigonometrischen Formeln die Untersuchung der Dimension beider Seiten überflüßig macht. Sie heißt: man setze für jede in der Formel vorkommende trigonometrische Linie den Quotienten aus dem Radius in die trigonometrische Linie, also für $\sin\alpha$ setze man $\frac{\sin\alpha}{r}$, für $\mathrm{tg}\,\alpha$, $\frac{\mathrm{tg}\,\alpha}{r}$, ꝛc.

Zu §. 39.

Um ein Beispiel für die Richtigkeit der Reihe für den Sinus am Schlusse dieses §. zu geben, will ich den Werth des $\sin 30^\circ$, welcher für den Radius 1 den Werth $\frac{1}{2}$ hat, darnach berechnen.

Bezeichnet man die Glieder der Reihe mit einfachen Buchstaben, so hat man

$$\sin x = x - y + z - t + u - \text{ꝛc.}$$

wo also

$$y = \frac{x^3}{1.2.3} = x^2 . \frac{x}{2.3}$$

$$x = \frac{x^5}{1.2.3.4.5} = x^2 . \frac{y}{4.5}$$

$$t = \frac{x^7}{1.2.3.4.5.6.7} = x^2 . \frac{z}{6.7}$$

$$u = \frac{x^9}{1.2.3.4.5.6.7.8.9} = x^2 . \frac{t}{8.9} .$$

Man suche nun den linearen Zahlwerth des Bogens $x = 30^\circ$. Dieser ist mit 10 Dezimalstellen

0,5235987756,

sein Quadrat also, welches man am füglichsten durch die bekannte abgekürzte Multiplikation finden kann (wenn man nicht sehr genaaue Logarithmentafeln zur Hand hat) wobei die zehnte Dezimalstelle nich vollkommen zuverlässig ist, wird sein

0,2741556778.

Die Werthe von y, z, t, u ergeben sich nun am kürzesten auf folgende Weise. Man bilde die sämmtlichen Vielfachen von x^2 bis zum Neunfachen einschließlich. Diese sind

$$2x^2 = 0{,}5483113556$$
$$3x^2 = 0{,}8224670334$$
$$4x^2 = 1{,}0966227112$$
$$5x^2 = 1{,}3707783890$$
$$6x^2 = 1{,}6449340668$$
$$7x^2 = 1{,}9190897446$$
$$8x^2 = 2{,}1932454224$$
$$9x^2 = 2{,}4674011002.$$

Da nun $\frac{x}{2.3} = \frac{x}{6} = 0{,}0872664626$, so ist

$$0{,}08x^2 = 0{,}02193245422$$
$$0{,}007x^2 = 0{,}00191908974$$
$$0{,}0002x^2 = 0{,}00005483114$$
$$0{,}00006x^2 = 0{,}00001644934$$
$$0{,}000006x^2 = 0{,}00000164493$$
$$0{,}0000004x^2 = 0{,}00000010966$$
$$0{,}00000006x^2 = 0{,}00000001645$$
$$0{,}000000002x^2 = 0{,}00000000055$$
$$0{,}0000000006x^2 = 0{,}00000000016;$$

folglich $y = 0{,}0239245962.$

Man dividire nun y durch 20, so erhält man auf dieselbe Weise

$$z = 0{,}0003279532.$$

Ebeen so ergibt sich $t = 0{,}0000021407$

und $u = 0{,}0000000082.$

Sondert man die positiven von den negativen Gliedern, und reduzirt, so erhält man für die Summe der positiven

0,523926737,

und für die der negativen 0,023926737,

und hieraus erhält man

$$\sin 30^\circ = 0{,}500000000,$$

nämlich den aus geometrischen Gründen bekannten genauen Werth des $\sin 30^\circ$.

In Bezug auf die Reihe

$$\cos x = 1 - \frac{x^2}{1.2} + \frac{x^4}{1.2.3.4} - \frac{x^6}{1.2.3.4.5.6} + \text{etc.}$$

bemerke man noch, daß man daraus durch eine bloße Versetzung der Glieder eine Reihe für den Sinusversus in Funktion des Bogens erhalten kann. Es ergibt sich nämlich unmittelbar aus ihr

$$\left.\begin{array}{l}1 - \cos x \\ \sin\text{vers}\, x\end{array}\right\} = \frac{x^2}{1.2} - \frac{x^4}{1.2.3.4} + \frac{x^6}{1.2.3.4.5.6} - \text{etc.}$$

Ich führe diese Reihe hier aus dem Grunde an, weil sich aus ihr ergibt, daß der Cosinus eines sehr kleinen Bogens der Einheit, d. h. dem Radius des Kreises gleich geachtet werden darf, indem, wenn man für x einen unendlich kleinen Werth setzt, die zweite Seite ein Agggregat von unendlich kleinen Größen der zweiten, vierten, sechsten, etc. Ordnung, d. h. Null wird, oder vielmehr Null zur Grenze hat, woraus folgt $\cos x = 1$.

Zu §. 49.

Da der Verfasser in seiner Auseinandersetzung in Bezug auf die Euler'schen allgemeinen Formeln für den Sinus und Cosinus der vielfachen Bogen, worin er bemerkt, daß dieselben a posteriori dargethan werden könnten, eine Beweisart andeutet, die dem mit der algebraischen Analysis noch nicht gehörig Vertrauten vielleicht unbekannt ist, so bemerke ich zur Erläuterung derselben Folgendes.

Wenn mehrere Größen in einem gewissen Zusammenhange stehen, und es ergibt sich aus zuverlässigen Gründen, daß für 2, 3, 4, etc. dieser Größen irgend ein Gesetz obwaltet, so schließt man nach der gewöhnlichen Induktion, daß dasselbe Gesetz auch für n Größen statt finde. In so fern dieses n seiner Natur nach eine ganze und positive Zahl immer bedeuten muß, ist dieser Schluß in aller Strenge richtig und also der Induktionsbeweis vollkommen zulässig. Wenn aber der Buchstabe n auch anderer Zahlwerthe fähig ist, z. B. Bruchwerthe, irrationaler Werthe, negativer Werthe, imaginärer Werthe, so leuchtet ein, daß der Induktionsbeweis unzuverlässig ist. Soll nun für alle diese Fälle das erwähnte Gesetz zwischen den obigen Größen bestehen, so muß der Beweis auf folgende Art geführt werden. Man nimmt an, daß es für n Größen statt findet, was auch immerhin der Werth von n seyn möge, und sucht nun zu beweisen, daß es auch für $(n+1)$ Größen richtig ist. Ist man dazu im Stande, so kann die Richtigkeit des Gesetzes als vollkommen bewiesen angesehen werden.

Ich wähle als Beispiel die erste Formel aus der zusammengesetzten Zinsenrechnung. Bekanntlich wird ein Kapital a, welches auf Zinseszinsen steht, für den Zinsfuß p nach Verlauf eines Jahres ap, nach Verlauf zweier Jahre ap^2, nach Verlauf dreier Jahre ap^3, und also nach Verlauf von n Jahren ap^n, in so fern nämlich der Werth von n eine ganze und positive Zahl ist. Da nun aber der Werth von n', seiner Natur nach, zwar nicht negativ, auch nicht irrational und noch weniger imaginär, wohl aber ein positiver Bruch seyn kann, so darf die Formel für diesen Fall nicht als bewiesen angesehen werden. Und bekanntlich gilt sie für diesen Fall auch nicht, wie sich leicht mittelst Durchführung der Rechnung, die ich indessen dem Leser überlasse, nachweisen läßt.

Zu §. 59.

Da Cagnoli in seiner Trigonometrie die Formel durch die Methode der unbestimmten Coeffizienten entwickelt hat, so füge ich dessen Darstellung hier bei, um den Leser mit dem Wesen dieser Methode näher bekannt zu machen. Zugleich theile ich das bis zu neun Gliedern, zwar nicht von Cagnoli selbst, sondern von einem andern Italiener, Namens Philipp Rubiani, berechnete Resultat zum Behufe etwaiger Anwendung mit.

Gesetzt also, man habe die vorgegebene Reihe

$$m = ay + by^2 + cy^3 + dy^4 + \text{ꝛc.}, \qquad \text{(I.)}$$

in welcher man sich den Werth von m, so wie die der Coeffizienten a, b, c, d, ꝛc. als bekannte Größen zu denken hat, und man wolle die unbekannte Größe y in eine Reihe nach Potenzen von m entwickeln, so nehme man an

$$y = Am + Bm^2 + Cm^3 + Dm^4 + \text{ꝛc.} \qquad \text{(II.)}$$

Es ist klar, daß diese Annahme, (oder falls die vorgegebene Funktion m von der Form seyn sollte

$$m = a + by + cy^2 + dy^3 + \text{ꝛc.}$$

folgende

$$y = A + Bm + Cm^2 + Dm^3 + \text{ꝛc.})$$

immer statthaft ist, da die Coeffizienten A, B, C, D, ꝛc. noch unbestimmt sind, und also solche Werthe haben können, daß die Gleichung wahr sey. Es handelt sich also nun darum, diejenigen Werthe der Coeffizienten zu finden, welche der Gleichung wirklich Genüge leisten. Zu diesem Behufe erhebe man y nacheinander auf die 2te, 3te, 4te ꝛc. Potenz, und ordne die Glieder nach den gleichnamigen Potenzen von m, so kommt

$$\begin{array}{l} y = Am + Bm^2 + Cm^3 + Dm^4 + Em^5 + \text{etc.} \\ y^2 = A^2m^2 + 2ABm^3 + 2ACm^4 + 2ADm^5 + \text{etc.} \\ y^3 = A^3m^3 + 3A^2Bm^4 + 3A^2Cm^5 + \text{etc.} \\ y^4 = A^4m^4 + 4A^3Bm^5 + \text{etc.} \\ y^5 = A^5m^5 + \text{etc.} \\ \text{etc.} \end{array}$$

Substituirt man nun diese Werthe von y, y^2, etc. in die Gleichung (I.) und ordnet die Glieder auf dieselbe Weise, so erhält man

$$m = \left\{\begin{array}{l} ay = aAm + aBm^2 + aCm^3 + aDm^4 + aEm^5 + \text{etc.} \\ +by^2 = \ldots\ldots bA^2m^2 + 2ABbm^3 + 2ACbm^4 + 2ADbm^5 + \text{etc.} \\ \qquad\qquad + B^2bm^4 + 2BCbm^5 + \text{etc.} \\ +cy^3 = \ldots\ldots cA^3m^3 + 3A^2Bcm^4 + 3A^2Ccm^5 + \text{etc.} \\ \qquad\qquad + 3AB^2cm^5 + \text{etc.} \\ +dy^4 = \ldots\ldots dA^4m^4 + 4A^3Bdm^5 + \text{etc.} \\ +ey^5 = \ldots\ldots eA^5m^5 + \text{etc.} \\ + \text{etc.} \end{array}\right.$$

Setzt man m auf die zweite Seite der Gleichung, und sondert die verschiedenen Potenzen von m, der leichtern Uebersicht wegen, ab, so folgt

$$0 = \left\{ \begin{array}{l} \left.\begin{array}{l} aA \\ +1 \end{array}\right\} m \left.\begin{array}{l} +aB \\ +bA^2 \end{array}\right\} m^2 \left.\begin{array}{l} +aC \\ +2ABb \\ +cA^3 \end{array}\right\} m^3 \left.\begin{array}{l} +aD \\ +2ACb \\ +B^2b \\ +3A^2Bc \\ +dA^4 \end{array}\right\} m^4 \left.\begin{array}{l} +aE \\ +2ADb \\ +2BCb \\ +3A^2Cc \\ +3AB^2c \\ +4A^3Bd \\ +eA^5 \end{array}\right\} m^5 + \text{etc.} \end{array}\right.$$

Da aber diese Gleichung für einen jeden beliebigen Werth von m gelten soll, so müssen die Coeffizienten der verschiedenen Potenzen von m (s. Zus. zu §. 15.) gleich Null seyn. Man erhält also

$$\begin{array}{l} aA - 1 = 0 \\ aB + bA^2 = 0 \\ aC + 2ABb + cA^3 = 0 \\ aD + 2ACb + B^2b + 3A^2Bc + dA^4 = 0 \\ aE + 2ADb + 2BCb + 3A^2Cc + 3AB^2c + 4A^3Bd + eA^5 = 0 \\ \text{etc.} \end{array}$$

und hieraus folgt

$$A = \frac{1}{a},\quad B = -\frac{bA^2}{a} = -\frac{b}{a^3},\quad C = -\left(\frac{cA^3 + 2ABb}{a}\right) = \frac{2b^2 - ac}{a^5},$$

$$D = -\left(\frac{dA^4 + 3A^2Bc + B^2b + 2ACb}{a}\right)$$
$$= \frac{5abc - a^2d - 5b^3}{a^7},$$
$$E = -\left(\frac{eA^5 + 4A^3Bd + 3AB^2c + 3A^2Cc + 2BCb + 2ADb}{a}\right)$$
$$= \frac{14b^4 - 21ab^2c + 6a^2bd + 3a^2c^2 - a^3e}{a^9}.$$

Substituirt man diese Werthe in die Gleichung (II.) so erhält man, wenn die Rechnung bis zur Bestimmung von 9 Coeffizienten fortgesetzt wird,

$$y = \frac{m}{a} - \frac{bm^2}{a^3} + (2b^2 - ac)\frac{m^3}{a^5} + (-5b^3 + 5abc - a^2d)\frac{m^4}{a^7}$$
$$+ (14b^4 - 21ab^2c + 6a^2bd + 3a^2c^2 - a^3e)\frac{m^5}{a^9}$$
$$+ (-42b^5 + 84ab^3c - 28a^2b^2d - 28a^2bc^2 + 7a^3be + 7a^3cd - a^4f)\frac{m^6}{a^{11}}$$
$$+ (132b^6 - 330ab^4c + 120a^2b^3d + 180a^2b^2c^2 - 36a^3b^2e - 72a^3bcd$$
$$+ 8a^4bf - 12a^3c^3 + 8a^4ce + 4a^4d^2 - a^5g)\frac{m^7}{a^{13}}$$
$$+ (-429b^7 + 1287ab^5c - 495a^2b^4d - 990a^2b^3c^2 + 165a^3b^3e$$
$$+ 495a^3b^2cd - 45a^4b^2f + 165a^3bc^3 - 90a^4bce - 45a^4bd^2$$
$$+ 9a^5bg - 45a^4c^2d + 9a^5cf + 9a^5de - a^6h)\frac{m^8}{a^{15}}$$
$$+ (1430b^8 - 5005ab^6c + 2002a^2b^5d + 5005a^2b^4c^2 - 715a^3b^4e$$
$$- 2860a^3b^3cd + 220a^4b^3f - 1430a^3b^2c^3 + 660a^4b^2ce$$
$$+ 330a^4b^2d^2 - 55a^5b^2g + 660a^4bc^2d - 110a^5bcf - 110a^5bde$$
$$+ 10a^6bh + 55a^4c^4 - 55a^5cd^2 - 55a^5c^2e + 10a^6cg$$
$$+ 10a^6df + 5a^6e^2 - a^7i)\frac{m^9}{a^{17}}$$
$$+ \text{rc.}$$

Diese Formel kann als die allgemeine für die Umkehrung einer Reihe, von welcher Form sie auch seyn mag betrachtet werden. Ich nehme als Beispiel die im §. 58. für den Bogen in Funktion seines Sinus gefundene Reihe, welche sich ebenfalls mit Hülfe der Differential- und Integralrechnung herleiten läßt. Sie heißt

$$x = y + \frac{y^3}{2.3} + \frac{3y^5}{2.4.5} + \frac{3.5y^7}{2.4.6.7} + \frac{3.5.7y^9}{2.4.6.8.9} + \text{rc.}$$

Vergleicht man sie mit der allgemeinen Formel, so müssen, da erstere nur ungerade Potenzen von y enthält, die Coeffizienten der geraden Potenzen dieser veränderlichen Größe $=0$ gesetzt werden. Man hat also $b=0$, $d=0$, $f=0$, ꝛc. Hieraus ergibt sich für die Werthe der Coeffizienten A, B, C, D, E, ꝛc.

$$A=\frac{1}{a} \text{ wie in der allgemeinen Formel, } B=0,\ C=-\frac{c}{a^4},$$

$$D=0,\ E=\frac{3c^2-ae}{a^7},\ F=0,\ G=\frac{8ace-12c^3-a^2g}{a^{10}}.$$ Vergleicht man nun die vorgegebene Reihe mit der Reihe (I.), so kommt

$$a=1,\ c=\frac{1}{2.3},\ e=\frac{3}{2.4.5},\ g=\frac{3.5}{2.4.6.7}, \text{ ꝛc.}$$

und hieraus ergibt sich

$$A=1,\ C=-\frac{1}{2.3},\ E=\frac{1}{2.3.4.5},\ G=-\frac{1}{2.3.4.5.6.7}, \text{ ꝛc.}$$

Man erhält also

$$\sin x = x-\frac{x^3}{2.3}+\frac{x^5}{2.3.4.5}-\frac{x^7}{2.3.4.5.6.7}+\text{ꝛc.}$$

dieselbe Reihe, welche am Schlusse des §. 39. gefunden ist.

Ich überlasse es dem Leser zur Uebung, aus folgender Entwickelung des Bogens in Funtion seiner Tangente

$$x=\operatorname{tg}x-\frac{\overline{\operatorname{tg}x}^3}{3}+\frac{\overline{\operatorname{tg}x}^5}{5}-\frac{\overline{\operatorname{tg}x}^7}{7}+\text{ꝛc.}$$

die Reihe für die Tangente in Funktion des Bogens zu finden. Er wird erhalten müssen

$$\operatorname{tg}x=x+\frac{x^3}{3}+\frac{2x^5}{5}+\frac{17x^7}{3^2.5.7}+\frac{62x^9}{3^2.5.7.9}+\text{ꝛc.}$$

Das Gesetz der Reihe tritt nicht deutlich hervor, Euler hat dasselbe hergeleitet. Uebrigens bemerke man, daß die Reihe nur zu gebrauchen ist für die Berechnung der Bogen zwischen 0° und 90°. Ueber 90° hinaus wird sie divergent, und liefert fehlerhafte Resultate. Ihre Convergenz beginnt überhaupt schon von da an immer mehr und mehr, und zwar sehr rasch abzunehmen, wo der lineare Werth des Bogens größer als 1 ist, nämlich von $x=58°$ an. Ja es läßt sich sogar mit Hülfe der Differentialrechnung nachweisen, daß man, wenn die Tangente eines Bogens der größer als 32° ist, berechnet werden soll, mit mehr Vortheil die Cotangente des Complements berechnen kann mittelst der Reihe

$$\operatorname{cotg}x=\frac{1}{x}-\frac{x}{3}-\frac{x^3}{3.5}-\frac{2x^5}{3^3.5.7}-\frac{x^7}{3^2.5^2.7}-\frac{2x^9}{3^3.5.7.9.11}-$$
$$\frac{1382x^{11}}{3^4.5^3.7^2.9.11.14}-\frac{4x^{13}}{3^4.5^2.7.9.11.13}-\frac{3617x^{15}}{3^2.5^3.7^2 9^3 11.13.15.17}-\text{ꝛc.}$$

da diese letztere eine größere Convergenz besitzt. Man erhält die letztere Reihe mittelst der Formel $\cot g\, x = \frac{\cos x}{\sin x}$, wenn man darin die für $\cos x$ und $\sin x$ vom Verfasser entwickelten Reihen substituirt, alsdann diesen Bruch nach der Methode der unbestimmten Coeffizienten der Reihe

$$\frac{1}{x} + Bx + Cx^3 + Dx^5 + Ex^7 + \text{rc.}$$

gleich setzt, alsdann den Nenner $\sin x$ der ersten Seite wegschafft, alle Glieder auf eine Seite setzt, und so die Coeffizienten B, C, D, rc. bestimmt. Auf ähnliche Weise läßt sich statt der Reihe

$$\mathrm{tg}\, x = x + \frac{x^3}{3} + \frac{2x^5}{3.5} + \frac{17x^7}{3^2.5.7} + \frac{62x^9}{3^2.5.7.9} + \text{rc.}$$

eine andere herleiten, deren Gesetz deutlich hervortritt, vermittelst der Formel $\mathrm{tg}\, x = \frac{\sin x}{\cos x}$, indem man in dieselbe statt $\sin x$ und $\cos x$ die bekannten Reihen substituirt, und darauf mittelst der Methode der unbestimmten Coeffizienten verfährt wie vorhin.